高等院校艺术设计类专业系列教材

After Effects CC

影视后期制作技术教程

（第三版）

孙 晗　彭志军　潘 登 编著

U0214255

清华大学出版社

北　京

内 容 简 介

本书以通俗易懂的文字全面地介绍了After Effects CC 2018的基础操作和应用，帮助读者快速而全面地掌握这款用于影视制作后期合成的专业软件。全书共12章，内容涵盖了软件概述、创建和管理项目、图层、文本动画、绘画与形状工具、创建三维动画、蒙版和跟踪遮罩、色调调节与校正、抠像、表达式和影视片头合成等。各章内容由理论和实践组成，案例丰富、由浅入深，从入门到进阶逐步讲解，使读者能够快速掌握After Effects CC 2018的知识点并应用到实际的影视项目制作中。

本书附赠立体化教学资源，包括素材文件、案例文件、教学视频、PPT教学课件，为读者学习提供全方位的支持，提高读者的学习兴趣和学习效率。

本书可作为各高等院校、职业院校和培训机构相关专业的教材，也可作为广大视频编辑爱好者或相关从业人员的自学手册和参考资料。

图书在版编目(CIP)数据

After Effects CC影视后期制作技术教程 / 孙晗，彭志军，潘登编著. —3版. —北京：清华大学出版社，2022.3（2023.9重印）

高等院校艺术设计类专业系列教材

ISBN 978-7-302-59394-2

Ⅰ.①A… Ⅱ.①孙… ②彭… ③潘… Ⅲ.①图像处理软件－高等学校－教材 Ⅳ.①TP391.413

中国版本图书馆CIP数据核字(2021)第211592号

责任编辑：李 磊
封面设计：王晓勇
版式设计：孔祥峰
责任校对：马遥遥
责任印制：宋 林

出版发行：清华大学出版社
    网   址：http://www.tup.com.cn，http://www.wqbook.com
    地   址：北京清华大学学研大厦A座   邮   编：100084
    社 总 机：010-83470000   邮   购：010-62786544
    投稿与读者服务：010-62776969，c-service@tup.tsinghua.edu.cn
    质 量 反 馈：010-62772015，zhiliang@tup.tsinghua.edu.cn
印 装 者：三河市铭诚印务有限公司
经   销：全国新华书店
开   本：185mm×260mm   印   张：15.5   字   数：416千字
版   次：2010年1月第1版 2022年3月第3版 印   次：2023年9月第3次印刷
定   价：79.80元

产品编号：088774-01

After Effects CC | 教学大纲

| 序号 | 学习内容 | 知识学习目标 | 能力培养目标 | 学习要求 | | | 学时 | 教学方式 |
				记忆	理解	应用		
01	第 1 章 进入合成的世界	视频制作的基础概念 电视制式 文件格式	了解视频制作的基础 知识和格式规范	√	√		2	讲授
02	第 2 章 软件概述 第 3 章 创建和管理项目	界面、菜单、常用面板 首选项设置 添加、删除、复制效果 预览视频和音频 渲染和导出	对菜单和面板有一个 比较全面的了解 掌握创建和管理项目 的方法	√	√		3	讲授
03	第 4 章 图层	图层操作 图层混合模式 合成嵌套	熟悉图层 了解创建关键帧动画 的方法	√	√		3	讲授
04	案例实践	学习"体育栏目开头动 画"案例的编辑方法	掌握创建关键帧动画 的方法	√	√	√	4	练习
05	第 5 章 文本动画	创建文本 编辑和调整文本 文本层动画制作	熟悉文本动画的制作 方法	√	√		4	讲授
06	案例实践	学习"闪动文字"案例 的编辑方法	掌握制作文本动画的 方法	√	√	√	2	练习
07	第 6 章 绘画与形状工具	绘图工具 形状图层	熟悉绘画工具与形状 工具的使用	√	√		4	讲授
08	案例实践	学习"融合动画"案例 的编辑方法	掌握运用形状工具制 作动画的方法	√	√	√	2	练习
09	第 7 章 创建三维动画 第 8 章 蒙版和跟踪遮罩	三维空间 三维图层 摄像机系统 灯光 创建与设置蒙版 跟踪遮罩	熟悉三维空间动画的 制作方法 熟悉蒙版和跟踪遮罩 的具体应用	√	√		4	讲授

（续表）

序号	学习内容	知识学习目标	能力培养目标	学习要求			学时	教学方式
				记忆	理解	应用		
10	案例实践	学习"云海穿梭""雪山美景"案例的编辑方法	掌握三维空间动画的制作方法 掌握蒙版和跟踪遮罩在动画中的应用方法	√	√	√	4	练习
11	第9章 色彩调节与校正 第10章 抠像 第11章 表达式	色彩基础 基础调色效果 抠像技术介绍 表达式	熟悉常用调色效果、抠像效果、表达式基础操作	√	√		4	讲授
12	案例实践	学习"火焰合成""动物世界节目合成""地震模拟"案例的编辑方法	掌握调色效果、抠像工具、表达式基础操作	√	√	√	4	练习
13	第12章 影视片头合成	学习"Logo 动画""中国风美食类片头动画"案例的编辑方法	掌握影视片头的制作方法	√	√	√	8	练习

After Effects CC | 前言

After Effects 是 Adobe 公司推出的一款基于图层的图形视频处理软件，也是当前主流的视频合成和特效制作软件之一。After Effects 与其他 Adobe 软件紧密集成，内置了数百种预设效果和动画，利用灵活的 2D 和 3D 合成技术，在影视后期特效、电视栏目包装、企业和产品宣传等领域被广泛应用。

对于实践性很强的应用软件，最佳的学习方法就是将理论与实践相结合。本书也针对这一点，从基础的案例入手，由浅入深，无论是 After Effects CC 2018 的初学者，还是有一定基础的软件使用者，本书都适合。在编写过程中，作者借鉴和改编了部分国内外优秀的视频制作案例，让读者能够扩展思路，通过经典的实战案例，快速地掌握实际项目的制作流程。

本书详细地介绍了影视动画后期合成与特效的知识，提供了大量的实战案例，帮助读者快速掌握软件的使用技巧。本书共分为 12 章，内容概括如下。

第 1 章主要介绍视频制作的相关基础概念。

第 2 章对软件的菜单和面板进行了详细的介绍。

第 3 章介绍如何导入不同类型的素材文件，以及创建影片的基本工作流程和方法。

第 4 章详细地介绍了 After Effects 的图层类型、图层的基础操作、图层的混合模式，以及简单的关键帧动画的创建方式。

第 5 章详细地介绍了创建文字、编辑文字、文字动画、文字效果等基础知识和操作。

第 6 章对绘画工具和形状图层的属性和应用进行了详细的介绍。

第 7 章详细地介绍了创建三维空间的基础知识和操作。

第 8 章对蒙版和跟踪遮罩的具体应用进行了讲解。

第 9 章详细地介绍了色彩的基础知识和调色效果的使用方法。

第 10 章对抠像效果命令和相关注意问题进行了详细的介绍。

第 11 章介绍了表达式和表达式语言。

第 12 章通过综合实践与练习，让读者从学习基础知识和基础操作，全面过渡到掌握影视、动画等的实际制作。

在学习 After Effects CC 2018 的过程中，建议读者先理清案例的制作思路和方法，再去学习绚丽的效果和插件，同时要不断提升综合素质和艺术修养。只有这样，才能够在视频制作行业做得更好。

本书由孙晗、彭志军、潘登编著，受编者水平所限，书中难免存在不妥之处，希望广大读者朋友不吝指正。服务电子邮箱为 wkservice@vip.163.com。

本书提供教学课件、教学视频、案例源文件及素材等配套资源，扫描右侧二维码，将内容推送到自己的邮箱中，下载即可获取相应的资源（注意：请将二维码下的压缩文件全部进行解压后，再将相应的内容保存在 D 盘中，以方便在打开案例文件时查找素材路径）。

编者

2021 年 12 月

After Effects CC | 目录

第 1 章

进入合成的世界

After Effects 是 Adobe 公司推出的一款图形视频处理软件，在视频制作行业得到了广泛应用。After Effects 可以实现超凡的视觉效果，不仅与其他 Adobe 系列产品紧密集成，软件本身同样具备了丰富的滤镜效果。利用软件灵活的 2D 和 3D 合成技术，用户可以快速精确地完成动画电影、动画广告等视频的制作。

1.1 视频格式基础

熟悉视频基本的组成单位和标准格式要求，可以更加有效地对视频进行编辑处理，以在项目设置环节选择更为合适的选项标准，设置更为准确的格式。

1.1.1 像素

像素是构成数字图像的基本单元，通常以像素 / 英寸 (pixels per inch，ppi) 为单位来表示图像分辨率的大小。把图像放大数倍，会发现图像是由多个色彩相近的小方格组成，这些小方格就是构成图像的最小单位，就是像素。图像中的像素点越多，色彩越丰富，图像效果就越好，如图 1-1 所示。

图 1-1

1.1.2 像素比

像素比是指图像中的一个像素的宽度与高度之比，方形像素比为 1.0(1 ：1)。计算机产生的图像的像素比永远是 1 ：1，而电视设备所产生的视频图像则不一定是 1 ：1。例如，我国的 PAL 制式的像素比为 16 ：15=1.07。同时，PAL 制式规定画面宽高比为 4 ：3。根据宽高比的定义来推算，PAL 制式的图像分辨率应为 768×576，这是在像素为 1 ：1 的情况下，PAL 制式的分辨率为 720×576。因此，实际 PAL 制式图像的像素比是 768 ：720=16 ：15=1.07，也就是通过把正方形像素"拉长"的方法，保证了画面 4 ：3 的宽高比例。

1.1.3 画面大小

数字图像以像素为单位表示画面的高度和宽度。标准视频的图像尺寸有许多种，如 DV 画面的大小为 720×576 像素，HDV 画面的大小为 1280×720 像素和 1400×1080 像素，HD(高清) 画面的大小为 1920×1080 像素，等等。用户也可以根据需要自定义画面大小。

1.1.4 ▶ 场的概念

交错式扫描就是先扫描帧的奇数行得到奇数场，再扫描偶数行得到偶数场。每一帧由两个场组成，即奇数场和偶数场，又称为上场和下场。场以水平分隔线的方式隔行保存帧的内容，在显示时可以选择优先显示上场内容或下场内容。

计算机操作系统是以非交错扫描形式显示视频的，非交错式扫描是比交错式扫描更为先进的扫描方式，每一帧图像一次性垂直扫描完成，即为无场。

1.1.5 ▶ 帧与帧速率

帧就是动态影像中的单幅影像画面，是动态影像的基本单位，相当于电影胶片上的每一格镜头。一帧就是一个静止的画面，多个画面逐渐变化的帧快速播放，就形成了动态影像。

关键帧，即比较关键的帧，是指画面或物体变化中的关键动作所处的那一帧。关键帧与关键帧之间的动画画面可以由软件来创建，这一过程称为补间动画，中间的帧称为过渡帧或者中间帧。如图 1-2 所示。

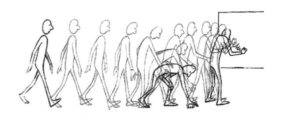

图 1-2

帧速率就是每秒钟显示的静止图像帧数，通常用 fps(frames per second) 表示。帧速率越高，影像画面就越流畅。帧速率如果过小，视频画面就会不连贯，影响观看效果。电影的帧速率为 24fps，我国电视的帧速率为 25fps。可以通过改变帧速率的方式，达到快速镜头或慢速镜头的表现效果。

1.2 电视制式 🔍 ➡

电视制式是用来实现电视图像或声音信号所采用的一种技术标准，电视信号的标准可以简称为制式。目前世界上各个国家所采用的电视制式不尽相同，主要表现在帧速率、分辨率和信号带宽等多方面。世界上主要使用的电视制式有 NTSC、PAL 和 SECAM 三种，分布在世界各个国家和地区。

1.2.1 ▶ NTSC 制式

NTSC(National Television System Committee，美国电视系统委员会) 制式一般被称为正交调制式彩色电视制式，是 1952 年由美国国家电视标准委员会指定的彩色电视广播标准，采用正交平衡调幅的技术方式。

采用 NTSC 制式的国家有美国、加拿大、日本、韩国、菲律宾等。

1.2.2 ▶ PAL 制式

PAL(Phase Alternating Line，逐行倒相) 制式一般被称为逐行倒相式彩色电视制式，是 1962 年由联邦德国制定的彩色电视广播标准，它采用逐行倒相正交平衡调幅的技术方法，克服了

NTSC 制式相位敏感导致色彩失真的缺点。

采用 PAL 制式的国家有德国、中国、英国、意大利和荷兰等。根据不同的参数细节，可将 PAL 制式进一步划分为 G、I、D 等制式，中国采用的是 PAL-D 制式。

1.2.3 SECAM 制式

SECAM(Systeme Electronique Pour Couleur Avec Memoire，顺序传送彩色与记忆制) 制式一般被称为轮流传送式彩色电视制式，是法国在 1956 年提出，1966 年制定的一种新的彩色电视制式。

采用 SECAM 制式的国家和地区有法国、东欧、非洲各国和中东一带。

1.3 文件格式

在项目编辑过程中会遇到多种图像和音视频格式，掌握这些格式的编码方式和特点，便于选择合适的格式进行应用。

1.3.1 编码压缩

由于有些文件过大、占用空间较多，为了节省空间和方便管理，需要将文件重新压缩编码计算，以便得到更好的效果。

压缩分为无损压缩和有损压缩两种。无损压缩就是压缩前后数据完全相同，没有损失；有损压缩就是损失一些人所不敏感的音频或图像信息，以减小文件体积。压缩的比例越大，文件损失的数据就会越多，压缩后效果就越差。

1.3.2 图像格式

图像格式是计算机存储图像的格式，常见的图像格式有 GIF 格式、JPEG 格式、BMP 格式和 PSD 格式等。

1. GIF 格式

GIF(Graphics Interchange Format，图形交换) 格式是一种基于 LZW 算法的连续色调的无损压缩格式。该格式的压缩率一般在 50% 左右，支持的软件较为广泛，可以在一个文件中存储多幅彩色图像，并可以逐渐显示，构成简单的动画效果。

2. JPEG 格式

JPEG(Joint Photographic Expert Group，联合图像专家组) 格式是常用的图像文件格式，由软件开发联合会组织制定，是一种有损压缩格式，能够将图像压缩在很小的存储空间中。JPEG 格式是目前网络上最流行的图像格式，可以把文件压缩到最小，可以用最少的磁盘空间得到较好的图像品质。

3. TIFF 格式

TIFF(Tag Image File Format，标签图像文件) 格式是由 Aldus 和 Microsoft 公司为桌上出版系统研制开发的一种较为通用的图像文件格式。该格式支持多种编码方法，是图像文件格式中较复杂的格式，具有扩展性、方便性、可改性等特点，多用于印刷领域。

4. BMP 格式

BMP(Bitmap，位图图像) 格式是 Windows 环境中的标准图像数据文件格式。BMP 格式采用位映射存储格式，不采用其他任何压缩，所需空间较大，支持的软件较为广泛。

5. TGA 格式

TGA 格式又称为 Targa，全称为 Tagged Graphics，是一种图形、图像数据的通用格式，是多媒体视频编辑转换的常用格式之一。TGA 格式对不规则形状的图形图像支持较好。该格式支持压缩，使用不失真的压缩算法。

6. PSD 格式

PSD 格式全称为 Photoshop Document，是 Photoshop 图像处理软件的专用文件格式。PSD 格式支持图层、通道、蒙版和不同色彩模式的各种图像特征，是一种非压缩的原始文件保存格式。PSD 格式保留图像的原始信息和制作信息，方便软件处理和修改，但文件较大。

7. PNG 格式

PNG(Portable Network Graphics，便携式网络图形) 格式能够提供比 GIF 格式还要小的无损压缩图像文件，并且保留了通道信息，可以制作背景为透明的图像。

1.3.3 视频格式

视频格式是计算机存储视频的格式，常见的视频格式有 MPEG 格式、AVI 格式、MOV 格式和 3GP 格式等。

1. MPEG 格式

MPEG(Moving Picture Experts Group，动态图像专家组) 是针对运动图像和语音压缩制定国际标准的组织。MPEG 标准的视频压缩编码技术主要利用了具有运动补偿的帧间压缩编码技术以减小时间冗余度，大大增强了压缩性能。MPEG 格式被广泛应用于各个商业领域，成为主流的视频格式之一。MPEG 格式包括 MPEG-1、MPEG-2 和 MPEG-4 等。

2. AVI 格式

AVI(Audio Video Interleaved，音频视频交错) 格式是将语音和影像同步组合在一起的文件格式。通常情况下，一个 AVI 文件里会有一个音频流和一个视频流。AVI 格式是 Windows 操作系统中最基本的也是最常用的一种媒体文件格式，被广泛应用于影视、广告、游戏和软件等领域，但由于该文件格式占用内存较大，经常需要进行压缩。

3. MOV 格式

MOV 格式即 QuickTime 影片格式，是 Apple 公司开发的视频格式，是一种优秀的视频编码格式，也是常用的视频格式之一。

4. ASF 格式

ASF(Advanced Streaming Format，高级串流格式) 是一种可以在网上即时观赏的视频流媒体文件压缩格式。

5. WMV 格式

WMV(Windows Media Video，Windows 媒体视频) 格式是微软公司推出的一种流媒体格式。在同等视频质量下，WMV 格式的文件可以边下载边播放，很适合在网上播放和传输，因此也成为常用的视频文件格式之一。

6. 3GP 格式

3GP 是一种 3G 流媒体的视频编码格式，主要是为了配合 3G 网络的高传输速度而开发的，也是手机视频格式中较为常见的一种。

7. FLV 格式

FLV(Flash Video，流媒体) 格式是一种流媒体视频格式。FLV 格式文件体积小，方便网络传输，多用于网络视频播放。

8. F4V 格式

F4V 格式是 Adobe 公司为了迎接高清时代而推出的继 FLV 格式后的支持 H.264 的 F4V 流媒体格式。F4V 格式和 FLV 格式主要的区别在于，FLV 格式采用的是 H.263 编码，而 F4V 格式则支持 H.264 编码的高清晰视频。在文件大小相同的情况下，F4V 格式文件更加清晰流畅。

1.3.4　音频格式

音频格式是计算机存储音频的格式，常见的音频格式有 WAV 格式、MP3 格式、MIDI 格式和 WMA 格式等。

1. WAV 格式

WAV 格式是微软公司开发的一种声音文件格式。WAV 格式支持多种压缩算法，支持多种音频位数、采样频率和声道，标准的 WAV 格式是 44.1K 的采样频率，速率为 88K/ 秒，16 位。WAV 格式支持的软件也较为广泛。

2. MP3 格式

MP3 格式全称为 MPEG Audio Player 3，是 MPEG 标准中的音频部分，也就是 MPEG 音频层。MP3 格式采用保留低音频，高压高音频的有损压缩模式，具有 10∶1 ~ 12∶1 的高压缩率，因此 MP3 格式文件的体积小、音质好，是较为流行的音频格式。

3. MIDI 格式

MIDI(Musical Instrument Digital Interface，乐器数字接口) 格式允许数字合成器和其他设备交换数据。MID 文件格式由 MIDI 继承而来。MID 文件并不是一段录制好的声音，而是记录声音的信息，然后再告诉声卡如何再现音乐的一组指令。这样一个 MIDI 文件每存 1 分钟的音乐只占用 5 ~ 10KB。MID 文件主要用于原始乐器作品、流行歌曲的业余表演、游戏音轨，以及电子贺卡等。

4. WMA 格式

WMA (Windows Media Audio) 格式是微软公司推出的音频格式，该格式的压缩率一般都可以达到 1∶18 左右，其音质超过 MP3 格式，更远胜于 RA(RealAudio) 格式，成为广受欢迎的音频格式之一。

5. RealAudio 格式

Real 的文件格式主要有 RA(RealAudio)、RM(RealMedia，RealAudio G2) 和 RMX (RealAudio Secured) 等。其中，RealAudio 是一种可以在网上实时传输和播放的音频流媒体格式。RA 文件的压缩比例高，可以随网络带宽的不同而改变声音的质量，带宽高的听众可以听到较好的音质。

6. AAC 格式

AAC (Advanced Audio Coding，高级音频编码技术) 格式是由杜比实验室提供的技术。AAC 格式是遵循 MPEG-2 规格所开发的技术，可以在比 MP3 格式小 30% 的体积下，提供更好的音质效果。

第 2 章

软件概述

在学习软件的基础操作前，我们需要对软件中的窗口和面板有一个比较全面的了解。在进行实际项目制作时，系统将以默认的设置运行该软件，为了适应不同的制作需求，用户需要对于 After Effects CC 2018 的首选项进行了解和设置。

2.1 After Effects CC 简介

After Effects 软件是 Adobe 公司推出的一款图形视频处理软件，2017 年 10 月，After Effects CC 2018 发布，利用与其他 Adobe 软件的紧密集成和高度灵活的 2D 和 3D 合成技术，它可以帮助用户快速且精确地创建绚丽的视觉效果。

用户可以通过执行【开始】>【所有程序】命令，找到 After Effects CC 2018 软件并单击，即可完成软件的启动，如图 2-1 所示。

图 2-1

2.2 After Effects CC 界面

After Effects CC 2018 软件已经被重新设计，更加微妙的色彩方案和简化的用户界面元素同时体现在新版本 After Effects CC 2018 中。在学习软件的基础操作前，我们需要对软件中的菜单和面板有一个比较全面的了解。

2.2.1 标准工作界面

After Effects CC 2018 为用户提供了一个可以根据需求自由定制的工作界面，用户可以根据个人的工作需求自由调整面板的位置及大小，也可以隐藏或显示某些面板。

初次启动 After Effects CC 2018，软件的界面为标准工作界面，主要由标题栏、菜单栏、工具栏、【合成】面板、【项目】面板、【时间轴】面板等构成，如图 2-2 所示。

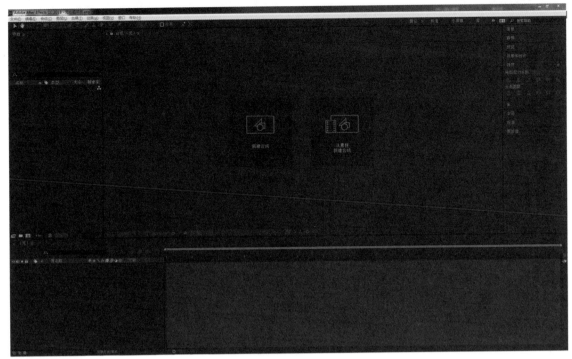

图 2-2

1. 标题栏

标题栏一般位于软件的左上方位置，用于显示软件的图标、名称及项目名称。

2. 菜单栏

菜单栏共包含九个菜单，分别为【文件】【编辑】【合成】【图层】【效果】【动画】【视图】【窗口】【帮助】。

3. 工具栏

工具栏中提供了常用的图像操作工具，如【选取工具】【手形工具】【缩放工具】【遮罩工具】【钢笔工具】【Rota 笔刷工具】等，如图 2-3 所示。

图 2-3

4. 项目面板

【项目】面板主要用来存储和管理素材。在【项目】面板中，用户可以查看素材的大小、持续时间及帧速率等信息，也可以对素材进行解释、替换、重命名、重新加载等操作。如果项目中的素材很多，用户也可以通过添加文件夹的方式分类和管理素材。

5. 合成面板

【合成】面板主要用来显示各个层的效果。【合成】面板主要分为显示区域和操作区域，用户可以在【合成】面板中设置画面的显示质量、调整该面板的显示大小及多视图显示等。

6. 时间轴面板

【时间轴】面板主要分为两个区域，左侧为面板的控制区域，右侧为时间轴编辑区域。在 After Effects CC 2018 中，【时间轴】面板是最重要的操作面板，常用来添加效果或关键帧等。

7. 综合控制面板

在【综合控制】面板中，又分为【信息】面板、【音频】面板、【字符】面板、【效果和预设】面板、【绘画】面板等，用户可以手动打开和关闭面板的显示。

上述提到的菜单和面板，将在后面的章节中详细说明。

提 示

在标准工作界面中，有些不常用的面板是被隐藏的，用户可以通过单击【窗口】菜单，关闭或显示工作界面中的面板。执行【窗口】>【工作区】命令，在弹出的菜单中，After Effects CC 2018 预设了多种工作模式供用户选择，如图 2-4 所示。

图 2-4

2.2.2 调整面板布局

用户可以自由地调节面板的位置，将面板移动到组内或组外，将面板并排放在一起，以及创建浮动面板以便其漂浮在应用程序窗口上方的新窗口中。当用户重新排列面板时，其他面板会自动改变大小以适应窗口。

1. 停靠和成组面板

将任意面板拖曳至其他面板区域时，在面板的周围会出现一个分块的区域，该区域就是可以放置当前面板的区域。如果将一个面板放置在当前面板的中间或最上端的选项卡区域，面板之间会进行成组的操作，如图 2-5 所示。

如果将该面板放置在当前面板的边缘位置，面板之间会进行大小的自适应调整，如图 2-6 所示。

图 2-5

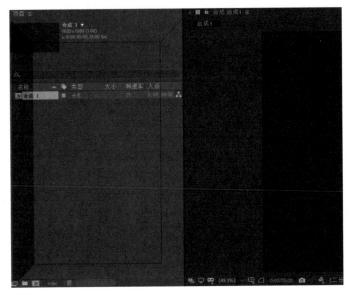

图 2-6

　　在图 2-6 中，将选中的面板移动到当前面板的左侧边缘位置，最终选中的面板也位于当前面板的左侧停靠，所以用户可以通过移动选中面板在当前面板中的位置（上下左右）来确定面板最终的停靠位置。

2. 调整面板的大小

　　将鼠标指针移动到两个相邻的面板边界时，此时鼠标指针会变成"分隔线"形状 ，拖曳鼠标即可调整相邻面板之间在水平或垂直方向上的尺寸，如图 2-7 所示。

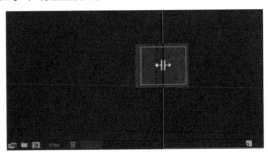

图 2-7

　　将鼠标指针置于三个或更多面板组之间的交叉点时，鼠标指针将变为"四向箭头"形状 ，用户可以在水平和垂直方向上调整面板的大小。

　　当鼠标指针停留在任意面板上时，可以按键盘上的 ~ 键，当前面板将最大化显示，再次按下 ~ 键可以恢复原始大小。

3. 浮动面板

选择需要浮动的面板，在当前面板名称上单击鼠标右键，在弹出的菜单中选择【浮动面板】命令；也可以按住 Ctrl 键将面板从当前位置脱离，或将面板直接拖曳到应用程序窗口之外，即可将当前面板变为浮动状态。

4. 面板的关闭或显示

即使面板是打开的，也可能位于其他面板之下而无法被看到。在【窗口】菜单中选择一个面板，可打开它并将该面板置于所在组的前面。

选择需要关闭的面板，在当前面板名称上单击鼠标右键，在弹出的菜单中选择【关闭面板】命令。如果需要重新显示，通过【窗口】菜单再次选中该面板即可。

> **提 示**
>
> 当一个面板组中包含多个面板时，有些面板将被隐藏，用户可以单击任意面板名称进行切换，也可以单击右侧的箭头，在弹出的下拉菜单中直接进行面板的选择，如图 2-8 所示。
>
>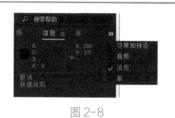
>
> 图 2-8

2.3 菜单　🔍　➡

菜单栏共包含9个菜单，分别为【文件】【编辑】【合成】【图层】【效果】【动画】【视图】【窗口】【帮助】，如图2-9所示。

文件(F)　编辑(E)　合成(C)　图层(L)　效果(T)　动画(A)　视图(V)　窗口　帮助(H)

图 2-9

2.3.1 文件菜单

【文件】菜单中的命令主要是针对文件和素材的一些基本操作，如新建和存储项目、导入素材、解释素材等，如图 2-10 所示。

2.3.2 编辑菜单

【编辑】菜单中包含常用的编辑命令，如撤销、复制、拆分图层、清除、提取工作区域等，如图 2-11 所示。

> **提 示**
>
> 在【首选项】中设置 After Effects CC 2018 的基本参数，可以帮助用户最大化地利用系统资源，提高制作效率，在后面的章节中将详细说明。

2.3.3 合成菜单

【合成】菜单主要是对当前合成进行设置，如新建合成、合成设置、VR，以及对合成进行渲染输出等，如图 2-12 所示。

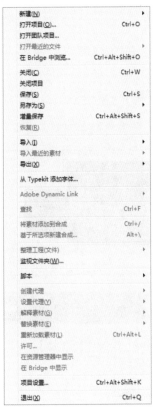

图 2-10

图 2-11

图 2-12

2.3.4 图层菜单

【图层】菜单中包括图层的新建、纯色设置、蒙版、3D 图层、混合模式、摄像机及文本操作等命令，如图 2-13 所示。

2.3.5 效果菜单

【效果】菜单中包含常用的效果命令，是较为常用的菜单，用户也可以通过安装插件的方式增加效果，如图 2-14 所示。

2.3.6 动画菜单

【动画】菜单中的命令主要用于设置动画关键帧及关键帧属性等，如添加关键帧、关键帧速度、关键帧辅助、跟踪运动、显示动画的属性等，如图 2-15 所示。

图 2-13

图 2-14

图 2-15

2.3.7 视图菜单

【视图】菜单中的命令主要用于调整视图的显示方式，如分辨率、显示参考线、显示网格、显示图层控件等，如图 2-16 所示。

2.3.8 窗口菜单

【窗口】菜单中的命令主要用于打开或者关闭面板或窗口，如图 2-17 所示。

2.3.9 帮助菜单

【帮助】菜单用于显示当前的版本信息、脚本帮助、表达式引用、效果参考、动画预设、键盘快捷键、登录和管理账户等，如图 2-18 所示。

图 2-16

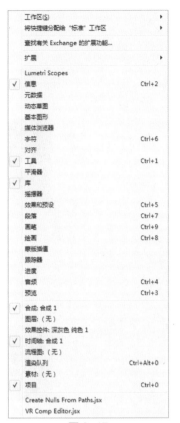

图 2-17

图 2-18

2.4 常用面板介绍

2.4.1 项目面板

【项目】面板主要用来存储和管理素材。在【项目】面板中，用户可以查看素材的大小、持续时间及帧速率等信息，也可以对素材进行解释、替换、重命名、重新加载等操作，如图 2-19 所示。

※ 参数详解

A 区域用于显示被选择的素材信息，如素材的分辨率、持续时间、帧速率等。

B 区域在素材数量庞大、文件夹较多的情况下，可以通过手动输入名称的方式快速地对素材

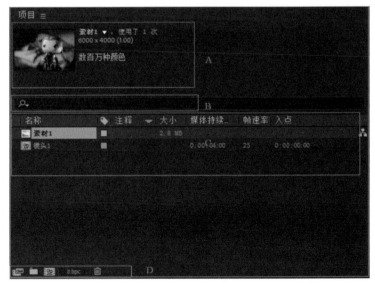

图 2-19

进行查找。

C 区域用于显示和排列合成中的所有素材，可以查询素材的大小、持续时间、类型、文件路径等。

D 区域为【项目】面板中的一些常用工具按钮。

解释素材: 在选中素材时，单击该按钮，会弹出【解释素材】对话框，在该对话框中可以设置 Alpha 通道、帧速率、开始时间码、场和 Pulldown、其他选项等，如图 2-20 所示。

新建文件夹: 单击该按钮可以新建一个文件夹，用于分类和管理各类素材。

新建合成: 单击该按钮可以新建一个新的合成，也可以拖曳素材至按钮上，创建与素材相同尺寸的合成。

颜色深度 8 bpc: 用于设置项目的颜色深度。

如果一个图片支持 256 种颜色，那么就需要 256 个不同的值来表示不同的颜色，也就是从 0 到 255。用二进制表示就是从 00000000

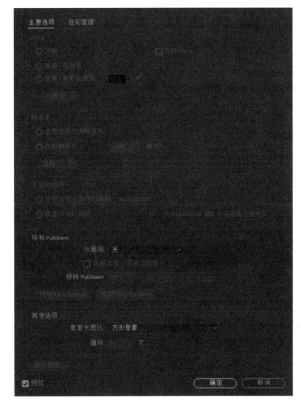

图 2-20

到 11111111，总共需要 8 位二进制数，所以颜色深度是 8。颜色深度越大，图片占的空间越大。虽然颜色深度越大能显示的色数越多，但并不意味着将高深度的图像转换为低深度 (如 24 位深度转为 8 位深度) 就一定会丢失颜色信息，因为 24 位深度中的所有颜色都能用 8 位深度来表示，只是 8 位深度不能一次性表达所有 24 位深度色而已。

按住键盘上的 Alt 键，单击即可循环切换项目的颜色深度。

> **提 示**
>
> 8bpc(bit per channel)，即每个通道为 8 位。

删除: 选择需要删除的素材或者文件夹，单击该按钮即可完成删除，或者将其拖曳至该按钮上完成删除操作。

2.4.2 合成面板

【合成】面板可以用来观察素材和各个图层的创建效果，主要分为显示区域和操作区域。在【合成】面板中，可以直接单击【新建合成】或【从素材新建合成】按钮快速地创建合成项目，如图 2-21 所示。

用户可以在【合成】面板中设置画面的显示质量、调整【合成】面板的显示大小及多视图显示等，如图 2-22 所示。

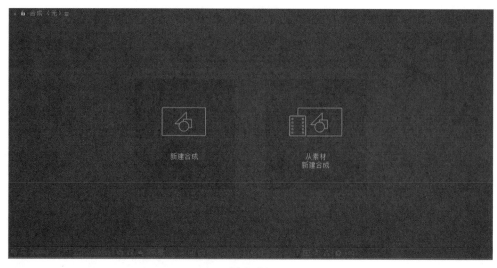

图 2-21

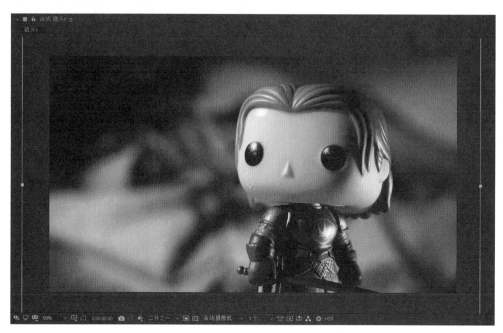

图 2-22

※ 参数详解

始终预览此视图 ▣**：**单击该按钮，将始终预览当前的视图。

主查看器 ▢**：**使用此查看器，可进行音频和外部视频预览。

放大率弹出式菜单 (40.2%) ∨**：**用于设置合成图像的显示大小。在下拉列表中预设了多种显示比例，用户也可以选择【适合】选项，自动调整图像显示比例。

技 巧

　　用户可以通过在【合成】面板中滑动鼠标滚轮对预览画面进行缩放操作，或使用快捷键Ctrl+ 加号 (+) 或减号 (-) 对预览画面进行放大或缩小。

选择网格和参考线选项▦：用于设置是否显示参考线、网格等辅助元素，如图 2-23 所示。

图 2-23

切换蒙版和形状路径可见性▱：用于设置是否显示蒙版和形状路径，如图 2-24 所示。

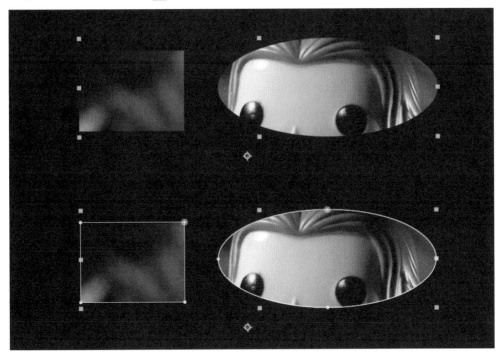

图 2-24

预览时间 0:01:06:23：用于显示【当前时间指示器】所处位置的时间信息。用户可以单击【预览时间】按钮，在弹出的【转到时间】对话框中设置【当前时间指示器】所处的位置，如图 2-25 所示。

拍摄快照◙：单击该按钮，将保存当前时间的图像信息。

显示快照◈：单击该按钮，将显示快照的图像。

图 2-25

技 巧

执行【编辑】>【清理】>【快照】命令，可以将计算机内存中的快照删除。

显示通道及色彩管理设置：用于设置通道及色彩管理模式。在下拉列表中提供了多种通道模式。

分辨率/向下采样系数弹出式菜单 二分_ ：用于设置图像显示的分辨率。在下拉菜单中预设了多种显示方式，用户可以通过更改分辨率参数设置图像的显示质量以加快渲染速度，显示质量不影响最终的输出渲染质量，如图 2-26 所示。

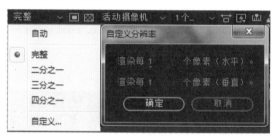

图 2-26

目标区域：用于指定图像的显示范围。单击该按钮，将显示一个矩形区域，用户可以通过调节矩形区域的大小完成图像显示范围的调节，如图 2-27 所示。

图 2-27

切换透明网格：单击该按钮，背景将以透明网格的样式进行显示，如图 2-28 所示。

图 2-28

3D 视图弹出式菜单 活动摄像机 ：用于设置用户观察的角度。当用户将普通图层转换为三维图层并添加摄像机后，可以通过多个角度观察效果。

选择视图布局 1个 ：用于设置视图显示的数量和不同的观察方式，多用于观察三维空间动画合成中素材的位置，如图 2-29 所示。

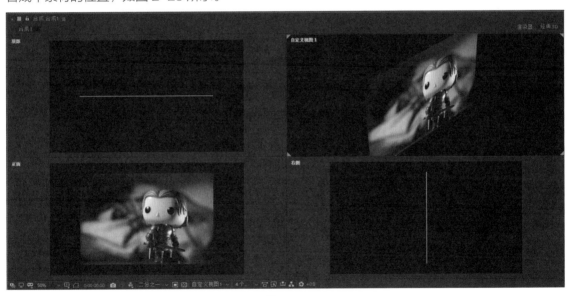

图 2-29

切换像素长宽比校正 ：单击该按钮，将校正像素的长宽比。

快速预览 ：用于设置快速预览选项，在下拉列表中提供了多种渲染引擎，如图 2-30 所示。

时间轴 ：单击该按钮，将自动切换到【时间轴】面板中。

合成流程图 ：单击该按钮，将打开【流程图】窗口，可以清晰地查看合成中素材的相互关系，如图 2-31 所示。

图 2-30

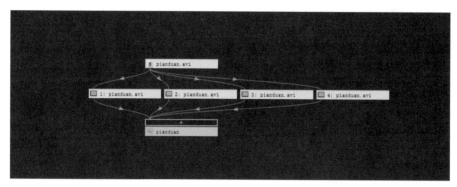

图 2-31

重置曝光度（仅影响视图）：单击该按钮，将重置合成中图像的曝光度。

调整曝光度（仅影响视图） +0.0 ：用于设置曝光的程度。

2.4.3 时间轴面板

【时间轴】面板是添加图层效果和动画的主要面板。在【时间轴】面板中用户可以进行很多操作，例如，设置素材的出点和入点位置、添加动画和效果、设置图层的混合模式等。在【时间轴】面板底部的图层会首先进行渲染。左侧为控制面板区域，由图层的控件组成；右侧是时间轴图层的编辑区域，如图 2-32 所示。

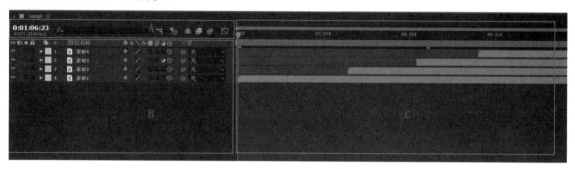

图 2-32

A 区域主要包括下列工具按钮，如图 2-33 所示。

图 2-33

时间码 0:01:06:23 ：用于显示【当前时间指示器】所在的位置，用户也可以单击当前时间码，输入数字来调整【当前时间指示器】的位置。

提 示

按住 Ctrl 键并单击将替换显示样式，如图 2-34 所示。

图 2-34

搜索 ：用于搜索和查找图层及其他属性设置。

合成微型流程图 ：单击该按钮，可以快速地查看合成嵌套关系，如图 2-35 所示。

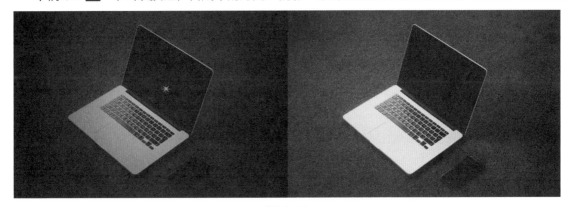

图 2-35

草稿 3D ：单击该按钮，合成中的灯光、阴影、景深等效果将被忽略显示，如图 2-36 所示。

图 2-36

隐藏图层 ：用于设置是否隐藏开启了【消隐】开关 的所有图层，如图 2-37 所示。

图 2-37

帧混合 ：单击该按钮，开启了【帧混合】开关的所有图层将启用帧混合效果，如图 2-38 所示。

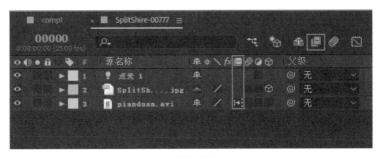

图 2-38

运动模糊 ：单击该按钮，开启了【运动模糊】开关的所有图层将启用运动模糊效果，如图 2-39 所示。

图表编辑器 ：用来切换【时间轴】操作区域的显示方式，如图 2-40 所示。

B 区域和 C 区域的图层按钮选项，在第 4 章中将详细介绍。

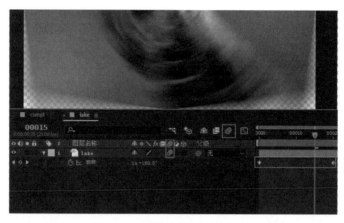

图 2-39

图 2-40

2.4.4 其他常用面板

　　信息面板：【信息】面板可以显示鼠标指针在【合成】面板中停留区域的颜色信息和位置信息，如图 2-41 所示。

　　效果和预设面板： 在【效果和预设】面板中，用户可以直接执行各命令为图层添加效果。同时，After Effects CC 2018 也为用户提供了已经制作完成的动画预设效果，预设效果包含文字动画、图像过渡等，用户可以在动画预设中直接调用，如图 2-42 所示。

　　段落面板：【段落】面板主要用来设置文字的对齐方式、缩进方式等，如图 2-43 所示。

　　预览面板： 在进行合成预览时可以通过该面板进行控制，如图 2-44 所示。

| 图 2-41 | 图 2-42 | 图 2-43 | 图 2-44 |

效果控件面板：【效果控件】面板用来显示和调节图层的效果参数，如图 2-45 所示。

图层面板：【图层】面板用于对合成中的图层进行观察和设置，用户可以直接在【图层】面板中调节图层的入点和出点，如图 2-46 所示。

图 2-45

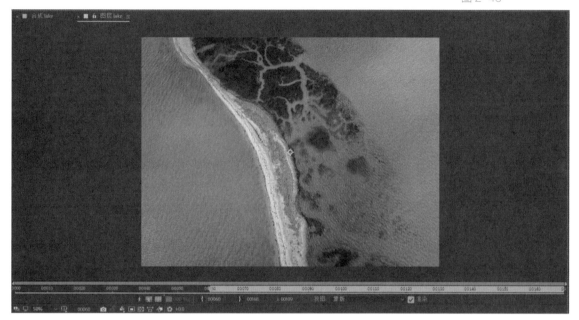

图 2-46

素材面板：【素材】面板和【图层】面板的作用相似，主要是用来观察素材及设置素材的出点和入点，如图 2-47 所示。

图 2-47

画笔面板：使用【画笔】面板可以调节画笔的大小、硬度等信息，如图 2-48 所示。

绘图面板：使用【绘图】面板可以调整【画笔工具】【仿制图章工具】【橡皮擦工具】的颜色、不透明度、流量等信息，如图 2-49 所示。

对齐面板：使用【对齐】面板可以调整图层的对齐和分布方式，如图 2-50 所示。

动态草图面板：使用【运动草图】面板可以记录图层的位置移动信息。当要制作一个位置运动的动画效果时，如果图层对象的运动轨迹比较复杂，可以使用鼠标移动并自动记录移动信息，如图 2-51 所示。

图2-48　　　　　　　图2-49　　　　　　　图2-50　　　　　　　图2-51

平滑器面板：在具有多个关键帧的动画属性中，可以通过【平滑器】面板对关键帧进行平滑处理，这样会使关键帧之间的动画效果过渡得更加平滑，如图 2-52 所示。

摇摆器面板：使用【摇摆器】面板可以对设置了两个以上动画关键帧的特效进行随机插值，使原来的动画属性产生随机性的偏差，如图 2-53 所示。

字符面板：【字符】面板主要用来设置文字的相关参数，如图 2-54 所示。

蒙版插值面板：使用【遮罩插值】面板可以创建平滑的蒙版变形动画效果，使蒙版形状的改变更加流畅，如图 2-55 所示。

图 2-52　　　　　　　图 2-53　　　　　　　图 2-54　　　　　　　图 2-55

跟踪面板：【跟踪】面板可以追踪摄像机和画面上某些特定目标的运动，也可以使画面保持稳定，如图 2-56 所示。

音频面板：【音频】面板可以显示当前声音效果并进行简单的声音大小的编辑，如图 2-57 所示。

Lumetri Scopes 面板：Lumetri Scopes 面板为用户提供用来显示视频色彩属性的内置视频示波器。每个视频帧都由像素组成，每个像素都带有色彩属性，可以将这些属性归类为色度、亮度和饱和度。用户可以评估色彩属性，从而对视频进行颜色校正并确保镜头间的一致性，如图 2-58 所示。

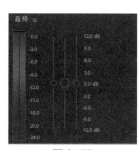

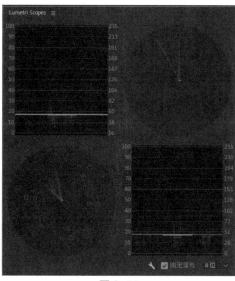

图 2-56	图 2-57	图 2-58

媒体浏览器面板：【媒体浏览器】面板用于预览本地和网络驱动器上的文件，以及有用的文件元数据和规格。可以将经常使用的文件夹添加到收藏夹中，如图 2-59 所示。

图 2-59

基本图形面板：用于为合成创建控件并将其共享为动态图形模板。可以通过 Creative Cloud Libraries 或作为本地文件共享这些动态图形模板，如图 2-60 所示。

元数据面板：【元数据】面板仅显示静态元数据。项目元数据显示在该面板的顶部，文件元数据显示在底部，如图 2-61 所示。

图 2-60

图 2-61

| 2.5　设置首选项

成功安装并运行 After Effects CC 2018 后，为了最大化地利用资源，满足制作需求，用户需要对软件的参数设置有一个全面的了解。用户可以执行【编辑】>【首选项】命令打开【首选项】对话框。

2.5.1　常规选项

在【常规】选项中，主要包括下列选项，如图 2-62 所示。

※ 参数详解

路径点和手柄大小：指定贝塞尔曲线方向手柄的大小、蒙版和形状的顶点、运动路径的方向手柄，以及其他类似的控件。

显示工具提示：默认情况下为勾选状态。用于指定是否显示工具的提示信息，勾选该复选框代表当鼠标指针停留在工具栏按钮上时会显示工具信息。

在合成开始时创建图层：默认情况下为勾选状态。用于设置在创建合成时是否将图层放置在合成的时间起始处。

图 2-62

开关影响嵌套的合成：默认情况下为勾选状态。用于设置合成中对图层的运动模糊、图层质量等开关的设置是否影响嵌套的合成。

默认的空间差值为线性：用于设置是否将关键帧的插值计算方式默认为线性。

在编辑蒙版时保持固定的顶点和羽化点数：默认情况下为勾选状态。用于设置在编辑蒙版时，顶点数量和羽化点数保持不变。在制作遮罩动画关键帧时，如果在某一时间点添加了一个顶点，那么在所有的时间段内都会在相应的位置自动添加顶点以保证点数总数不变。

钢笔工具快捷方式在钢笔和蒙版羽化工具之间切换：默认情况下为勾选状态。用于设置钢笔工具的快捷键是否会在钢笔和蒙版羽化工具之间来回切换。

同步所有相关项目的时间：默认情况下为勾选状态。用于设置不同的【合成】面板在进行切换时，时间指示器所处的时间点位置相同。

以简明英语编写表达式拾取：默认情况下为勾选状态。用于设置在使用表达式时是否使用简洁的表达方式。

在原始图层上创建拆分图层：默认情况下为勾选状态。用于设置创建的拆分图层是否在原始图层之上。

允许脚本写入文件和访问网络：用于设置脚本是否能链接网络。

启用 javaScript 调试器：用于设置是否启用 javaScript 调试器。

使用系统拾色器：用于设置是否采用系统中的颜色取样工具来设置颜色。

与 After Effects 链接的 Dynamic Link 将项目文件名与最大编号结合使用：用于设置与 After Effects 链接的 Dynamic Link 一起结合使用项目文件名称和最大编号。

在渲染完成时播放声音：当处理完渲染队列中的最后一个项目时，启用或禁用声音的播放。

当项目包含表达式错误时显示警告横幅：默认情况下为勾选状态。当表达式求值失败时，【合成】与【图层】面板底部的警告横幅会显示表达式错误。

启动时显示开始屏幕：选择此选项可在启动 After Effects 时显示开始屏幕。

双击打开图层（使用 Alt 键进行反转）

在素材图层上打开：用于设置双击素材【图层】时打开【图层】面板（默认），还是打开源素材项目。

在复合图层上打开：用于设置双击预合成图层时打开图层的源合成（默认），还是打开【图层】面板。

使用绘图、Roto 笔刷和调整边缘工具双击时将打开"图层"面板：默认情况下为勾选状态。当绘画工具、Roto 笔刷或调整边缘工具处于活动状态时，双击预合成图层即可在【图层】面板中打开该图层。

2.5.2　预览选项

在【预览】选项中，主要包括下列选项，如图 2-63 所示。

※ 参数详解

自适应分辨率限制：用于设置分辨率的级别，包括 1/2、1/4、1/8、1/16。

GPU 信息：单击该按钮，可以弹出 GPU 信息，以及 OpenGL 信息。

显示内部线框：默认情况下为勾选状态。用于设置是否显示折叠预合成和逐字 3D 化文字图层的组件的定界框线框。

缩放质量：用于设置查看器的缩放质量，包括【更快】【除缓存预览之外更准确】【更精确】三个选项。

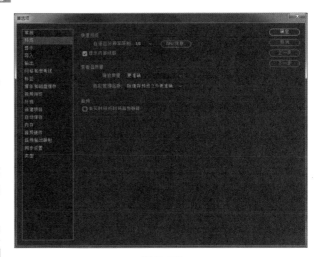

图 2-63

色彩管理品质：用于设置色彩品质管理的质量，包括【更快】【除缓存预览之外更准确】【更精确】三个选项。

非实时预览时将音频静音：用于设置当帧速率比实时速度慢时是否在预览期间播放音频。当帧速率比实时速度慢时，音频会出现断续情况以保持同步。

2.5.3 ▶ 显示选项

在【显示】选项中，主要包括下列选项，如图 2-64 所示。

※ 参数详解

运动路径：设置运动路径的显示方式。
【没有运动路径】表示不显示运动路径。【所有关键帧】表示显示所有关键帧。【不超过 ___ 个关键帧】表示设定关键帧显示的个数，默认情况下为 5。【不超过 ___】表示关键帧显示的时间范围。

在项目面板中禁用缩略图：勾选该复选框，在【项目】面板中将禁用素材的缩略图显示。

在信息面板和流程图中显示渲染进度：勾选该复选框，将在【信息】面板和流程图中显示影片的渲染进度。

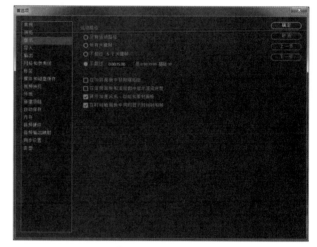

图 2-64

硬件加速合成、图层和素材面板：默认情况下为勾选状态。将在进行【合成】【图层】和【素材】面板操作时，使用硬件加速。

在时间轴面板中同时显示时间码和帧：默认情况下为勾选状态。在【时间轴】面板中将同时显示时间码和帧。

2.5.4 ▶ 导入选项

在【导入】选项中，主要包括下列选项，如图 2-65 所示。

※ 参数详解

静止素材：用于设置单帧素材在被导入【时间轴】面板中时显示的长度，分为两种模式。一种模式是以合成的长度作为单帧素材的长度；另一种模式是设定素材的长度为一个固定的时间值。

序列素材：用于设置序列素材导入【时间轴】面板的帧速率。默认情况下为 30帧 / 秒，用户可以根据需求重新设置导入的帧速率。

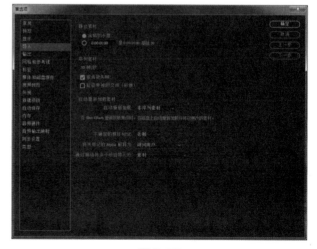

图 2-65

提 示

在【导入】选项中，一般会将序列素材设置为 25 帧／秒。

报告缺失帧： 默认情况下为勾选状态。在导入一系列存在间隔的序列时，After Effects 会提醒缺失帧。

验证单独的文件（较慢）： 在导入图像序列时遇到意外丢失的帧，可以勾选该复选框，虽然速度相对较慢，但是会验证序列中的所有文件。

自动重新加载素材： 用于设置当 After Effects 重新获取焦点时，在磁盘上自动重新加载任何已更改的素材，默认情况下为【非序列素材】。

不确定的媒体 NTSC： 用于设置当系统无法确定 NTSC 媒体的情况时，允许在【丢帧】或【无丢帧】的情况下进行输入。

将未标记的 Alpha 解释为： 用于设置对未进行标注 Alpha 通道的素材解释 Alpha 通道值。

通过拖动将多个项目导入为： 用于设置通过拖曳导入的项目以【素材】【合成】或【合成－保持图层大小】的方式进行导入。

2.5.5 输出选项

在【输出】选项中，主要包括下列选项，如图 2-66 所示。

※ 参数详解

序列拆分为： 用于设置输出序列文件的最多文件数量。

仅拆分视频影片为： 用于设置输出的影片片段最多可以占用的磁盘空间大小。用户需要注意，具有音频的影片文件无法分段。

使用默认文件名和文件夹： 默认情况下为勾选状态。表示使用默认的输出文件名和文件夹。

音频块持续时间： 用于设定渲染影片结束后的音频时长。

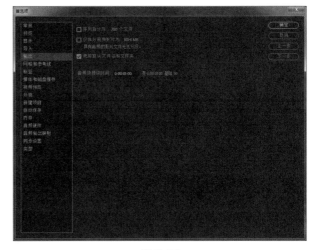

图 2-66

2.5.6 网格和参考线选项

在【网格和参考线】选项中，主要包括下列选项，如图 2-67 所示。

※ 参数详解

网格： 用于设置网格的具体参数。用户可以通过【颜色】来设置网格的颜色，也可以通过吸管工具直接拾取颜色。【样式】用于设置网格线条的样式，包括【线条】【虚线】和【点】。【网格线间隔】用于设置网格之间的疏密程度。数值越大，网格线间隔越大。【次分割线】用于设置网格的数目，数值越大，网格数目越多。

对称网格：【水平】参数用于设置网格的宽度，【垂直】参数用于设置网格的长度。

参考线：用于设置参考线的具体参数。用户可以通过【颜色】来设置参考线的颜色，也可以通过吸管工具直接拾取颜色。【样式】用于设置参考线的样式，包括【线条】和【虚线】。

安全边距：用于设置安全区域的范围。【动作安全】用于设置动作安全区域的范围。【字幕安全】用于设置字幕安全区域的范围。【中心剪切动作安全】用于设置中心剪切动作安全区域的范围。【中心剪切字幕安全】用于设置中心剪切字幕安全区域的范围。

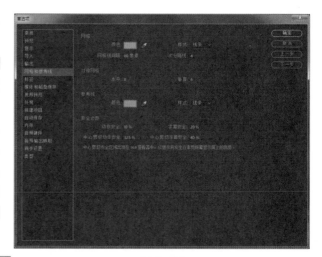

图 2-67

2.5.7 标签选项

在【标签】选项中，主要包括下列选项，如图 2-68 所示。

※ 参数详解

标签默认值：用于设置各类型的图层和文件的标签颜色。用户可以通过单击默认的标签颜色，在下拉列表中选择替换颜色。

标签颜色：用于设置通过颜色来区分不同属性的图层。用户可以单击颜色块，在【标签颜色】面板中选取新的颜色。同样也可以通过吸管工具来拾取颜色。

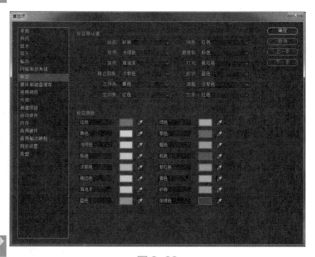

图 2-68

2.5.8 媒体和磁盘缓存选项

在【媒体和磁盘缓存】选项中，主要包括下列选项，如图 2-69 所示。

※ 参数详解

磁盘缓存：用于设置磁盘缓存参数。用户可以通过设置【最大磁盘缓存大小】来设置磁盘的缓存大小。单击【选择文件夹】按钮，可以设定磁盘缓存的位置。单击【清除磁盘缓存】按钮，可以清空当前的磁盘缓存文件。

符合的媒体缓存：用于设置媒体缓存参数。单击【选择文件夹】按钮，可以设置媒体缓存和数据库的位置。单击【清理数据库和缓存】按钮，将清空当前的所有数据库和缓存文件。

图 2-69

导入时将 XMP ID 写入文件：勾选该复选框，表示将 XMP ID 写入导入的文件，共享设置将影响 After Effects 等软件。XMP ID 可改进媒体缓存文件和预览的共享。

从素材 XMP 元数据创建图层标记：默认情况下为勾选状态。用于将素材 XMP 元数据来创建图层标记。

2.5.9　视频预览选项

在【视频预览】选项中，主要包括下列选项，如图 2-70 所示。

※ 参数详解

启用 Mercury Transmit：勾选该复选框，将使用 Mercury Transmit 切换视频预览。

视频设备：用于启用通往指定设备的视频输出。

在后台时禁用视频输出：默认情况下为勾选状态。可避免在 After Effects 并非前景应用程序时，将视频帧发送至外部监视器。

渲染队列输出期间预览视频：默认情况下为勾选状态。可在 After Effects 正在渲染渲染队列中的帧时将视频帧发送给外部监视器。

图 2-70

2.5.10　外观选项

在【外观】选项中，主要包括下列选项，如图 2-71 所示。

※ 参数详解

对图层手柄和路径使用标签颜色：默认情况下为勾选状态。用于设置是否对图层的操作手柄和路径应用标签颜色。

对相关选项卡使用标签颜色：默认情况下为勾选状态。用于设置是否对相关的选项卡应用标签颜色。

循环蒙版颜色 (使用标签颜色)：默认情况下为勾选状态。用于设置是否对不同的遮罩应用不同的标签颜色。

为蒙版路径使用对比度颜色：用于设置是否使用对比度相对较高的蒙版路径颜色。

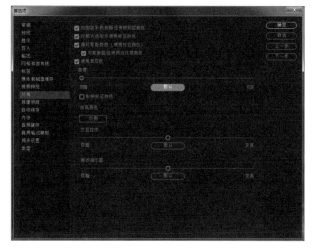

图 2-71

使用渐变色：默认情况下为勾选状态。用于设置是否使按钮或界面颜色产生渐变效果。

亮度：用于设置用户界面的整体亮度。向右侧拖曳滑块将增加界面亮度，向左侧拖曳滑块将降低界面亮度。单击【默认】按钮将恢复默认设置。

影响标签颜色：勾选该复选框，当调整界面颜色时，标签颜色同样受到界面颜色亮度的影响。

交互控件：用于设置交互控件的整体亮度。

焦点指示器：用于设置焦点指示器的整体亮度。

2.5.11　新建项目选项

在【新建项目】选项中，主要包括下列选项，如图 2-72 所示。

※ 参数详解

新建项目加载模板：勾选该复选框，新建项目时将加载模板。

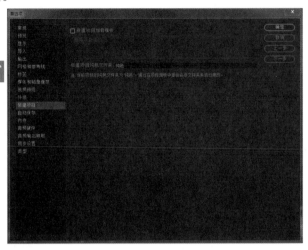

图 2-72

2.5.12　自动保存选项

在【自动保存】选项中，主要包括下列选项，如图 2-73 所示。

※ 参数详解

保存间隔：默认情况下为勾选状态。用于设置自动保存的时间间隔。

启动渲染队列时保存：默认情况下为勾选状态。当启动渲染队列时将自动保存。

最大项目版本：用于设置需要保存的项目文件的版本数。

自动保存位置：用于设置自动保存的项目文件的位置。

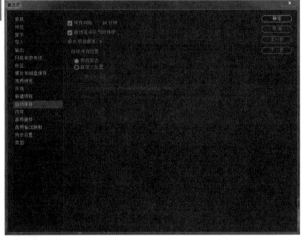

图 2-73

2.5.13　内存选项

在【内存】选项中，主要包括下列选项，如图 2-74 所示。

※ 参数详解

系统内存不足时减少缓存大小：用于设置当系统内存不足时，减少缓存的大小，以加快计算机的运行速度。

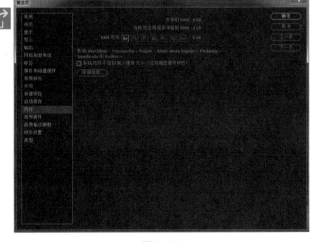

图 2-74

2.5.14 音频硬件选项

在【音频硬件】选项中，主要包括下列选项，如图 2-75 所示。

※ 参数详解

设备类型：用于设置音频设备类型。

默认输出：当连接音频硬件设备时，该类型设备的硬件设置将在此对话框中加载。

等待时间：对较低延迟使用较小值，当播放或录制期间遇到丢帧时使用较大值。

2.5.15 音频输出映射选项

在【音频输出映射】选项中，主要包括下列选项，如图 2-76 所示。

※ 参数详解

映射其输出：用于在计算机的音响系统中为每个支持的音频声道指定目标扬声器。

左侧：用于在计算机的音响系统中指定左侧扬声器。

右侧：用于在计算机的音响系统中指定右侧扬声器。

2.5.16 同步设置选项

在【同步设置】选项中，主要包括下列选项，如图 2-77 所示。

※ 参数详解

退出应用程序时自动清除用户配置文件：勾选该复选框，将在退出 After Effects 时清除用户配置文件。在下一次启动时，将会从用于产品授权的默认 Adobe ID 获取首选项。

可同步的首选项：默认情况下为勾选状态。指的是不依赖于计算机或硬件设置的首选项。

键盘快捷键：默认情况下为勾选状态。用于同步键盘快捷键，为 Windows 创建的键盘快捷键只能与 Windows 同步。

合成设置预设：默认情况下为勾选状态。用于同步合成设置预设。

图 2-75

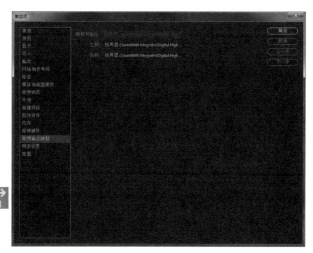

图 2-76

图 2-77

解释规则： 默认情况下为勾选状态。用于同步解释规则。

渲染设置模板： 默认情况下为勾选状态。用于同步渲染设置模板。

输出模块设置模板： 勾选该复选框，用于同步输出模块设置模板。

在同步时： 用于指示 After Effects 何时同步设置。

2.5.17 类型选项

在【类型】选项中，主要包括下列选项，如图 2-78 所示。

※ 参数详解

文本引擎： 用于设置书写样式。【南亚和中东】用于使用从右至左语言，例如阿拉伯语、希伯来语和印度语；【拉丁】用于其他语言。

字体菜单： 用于设置字体的【预览大小】和【要显示的近期字体数量】。

图 2-78

第3章

创建和管理项目

使用 After Effects 创建合成时，将会使用到大量的来自软件外部的素材，用户需要通过导入、组织和管理素材，添加图层效果和动画，最后渲染和输出。项目是创建合成的载体，本章将详细介绍如何导入不同类型的素材文件，创建影片的基本工作流程和方法。

3.1　素材的导入

After Effects 是一款后期合成软件，一般是对已有的素材再次进行加工和处理，大量的外部素材是合成的基础。After Effects 支持的素材文件类型包括图片文件、音频文件、视频文件、其他项目文件等。

> **提示**
>
> 在导入文件时，为了控制项目文件的大小，After Effects 不是将图像数据本身复制到项目中，而是创建一个链接指向原始素材，因此原始素材的位置并没有发生变化。

如果原始素材被重命名、删除或改变位置，将自动断开指向该文件的引用链接。当断开链接后，素材的名称在【项目】面板中将显示为斜体，素材将变为彩色线段显示，文件路径也会丢失。可以通过双击该素材项目再次选择文件以重新建立链接，如图 3-1 所示。

图 3-1

3.1.1　素材格式

After Effects 支持绝大部分的影音视频文件，一些文件扩展名 (如 MOV、AVI、MXF、FLV和 F4V) 表示容器文件格式，而不表示特定的音频、视频或图像数据格式。After Effects 可以导入这些容器文件，但导入其所包含的数据的能力则取决于所安装的编解码器。如果收到错误消息或视频无法正确显示，则需要安装文件使用的编解码器。

3.1.2 素材的导入与管理

After Effects 支持的文件类型较多，用户需要根据项目需求分类导入不同类型的文件格式。

1. 一次导入单个素材

执行【文件】>【导入】>【文件】命令，或使用快捷键 Ctrl+I，在弹出的【导入文件】对话框中，选择需要导入的文件位置，选中需要导入的素材文件，单击【打开】按钮即可完成导入。用户也可以在【项目】面板中的空白区域双击，或在【项目】面板中的空白区域单击鼠标右键，在弹出的菜单中选择【导入】>【文件】命令，同样可以导入素材，如图 3-2 所示。

图 3-2

技 巧

如果用户需要一次导入多个文件，可以首先选择素材的起始位置，按住 Shift 键选择素材的结束位置，中间部分的多个连续素材将同时被选择；或按住 Ctrl 键，逐一添加选择素材，也可以通过鼠标框选的方式进行选择。

2. 导入多个素材

执行【文件】>【导入】>【多个文件】命令，或使用快捷键 Ctrl+Alt+I，选择需要导入的素材，单击【打开】按钮即可完成导入。用户也可以在【项目】面板中的空白区域单击鼠标右键，在弹出的菜单中选择【导入】>【多个文件】命令，同样可以导入素材，如图 3-3 所示。

提 示

使用导入多个素材的方式在完成素材导入后，会重新弹出【导入多个文件】对话框，用户可以继续导入其他素材，直到单击【完成】按钮，才会结束导入。

图 3-3

3. 通过拖曳导入素材

选择需要导入的素材文件，直接拖曳至【项目】面板中，即可完成素材的导入操作。

直接拖曳文件夹至【项目】面板时，文件夹中的内容会成为图像序列，按住 Alt 键后拖曳文件夹，文件夹中的内容将作为单个素材项目使用，并且会在【项目】面板中自动建立一个新的对应的文件夹。

4. 导入序列文件

序列文件是较常使用到的文件类型，要将多个图像文件作为一个静止图像序列导入，这些文件必须位于同一文件夹中，并且使用相同的数字或字母顺序命名。执行【文件】>【导入】命令，在弹出的【导入文件】对话框中，勾选【Targa 序列】复选框，这样就可以按照序列的方式进行素材的导入，如图 3-4 所示。

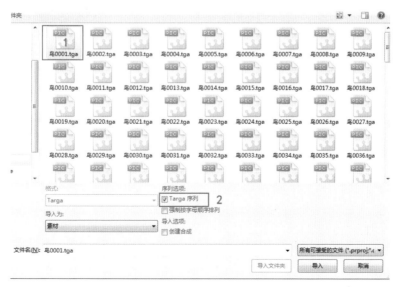

图 3-4

如果素材的名称是不规律的或是其中的某些素材丢失，可以通过勾选【强制按字母顺序排列】复选框，进行素材的导入。如果导入单个文件时，为防止 After Effects 导入不需要的文件，或防止 After Effects 将多个文件解释为一个序列，需要取消勾选【Targa 序列】复选框，After Effects 会记住该设置并将其作为默认设置。

※ 技术专题　调整导入素材的帧速率

帧速率指每秒所显示的静止帧格数，速率越高，显示效果越好。帧速率的设置通常由最终的输出类型决定，要生成平滑连贯的动画效果，帧速率一般不小于 8，NTSC 视频的帧速率为 29.97 帧 / 秒，PAL 视频的帧速率为 25 帧 / 秒，电影的帧速率通常为 24 帧 / 秒。

将序列文件导入【项目】面板中，用户可以观察素材的帧速率，默认情况下为 30 帧 / 秒，如图 3-5 所示。

图 3-5

通过执行【编辑】>【首选项】>【导入】命令，可以更改导入素材的帧速率。重新设置后再次导入素材时，将按照当前设置的帧速率进行导入，如图 3-6 所示。

对于已经导入【项目】面板中的素材，也可以通过【解释素材】命令改变素材的帧速率。

图 3-6

5. 导入包含图层的素材

在导入包含图层的素材时，除了以素材的方式进行导入，After Effects 还可以保留文件的图层信息。由 Photoshop 生成的 PSD 文件和 Illustrator 生成的 AI 文件是经常使用到的文件。

执行【文件】>【导入】>【文件】命令，打开包含图层的文件，在弹出的【导入文件】对话框中，在【导入种类】下拉列表中可以选择以【素材】【合成】和【合成 - 保持图层大小】的方式进行导入，如图 3-7 所示。

图 3-7

以素材的方式导入素材：当以素材的方式导入素材时，在【图层选项】中，用户可以选择【合并的图层】【选择图层】两种方式。【合并的图层】会将原始文件的所有图层合并成一个新的图层。【选择图层】可以选择需要的图层进行单独导入，还可以选择素材的尺寸为【文档大小】或【图层大小】。

以合成的方式导入素材：当以合成的方式导入素材时，会将整个素材作为一个合成。在合成中，原始图层的信息将被最大程度地保留。以合成的方式进行导入分为【合成】和【合成 - 保持图层大小】两种方式。

6. 导入 After Effects 项目

After Effects 已经完成的项目文件，可以作为另一个项目的素材文件使用。项目中的所有内容将显示在新的【项目】面板中。

执行【文件】>【导入】>【文件】命令，选择需要导入的 After Effects 项目即可，【项目】面板中会为导入项目创建一个新的文件夹。

7. 导入 Premiere Pro 项目

Premiere Pro 软件一般用于剪辑电影和视频，而 After Effects 多用于为电影、电视创作视觉特效。用户可以在 After Effects 和 Premiere Pro 这两个软件之间轻松地交换项目。可以将 Premiere Pro 项目导入 After Effects 中，也可以将 After Effects 项目输出为 Premiere Pro 项目。在导入 Premiere Pro 项目文件时，会将项目文件转为新的合成（所含每个 Premiere Pro 剪辑均为一个图层）和文件夹（所含每个剪辑均为一个素材项目）。

图 3-8

执行【文件】>【导入】>【Adobe Premiere Pro 项目】命令，选择需要导入的 Premiere Pro 项目即可，音频文件默认为读取状态，如图 3-8 所示。

> **提　示**
>
> 在将 Premiere Pro 项目导入 After Effects 后，并不会保留该项目的所有功能，而是只保留在 Premiere Pro 与 After Effects 之间进行复制和粘贴时所使用的相同功能。如果 Premiere Pro 项目中的一个或多个序列已经动态链接到 After Effects，则 After Effects 无法导入此 Premiere Pro 项目。

8. 导入 CINEMA 4D 项目

CINEMA 4D 是 Maxon 推出的常用 3D 建模和动画软件，用户可以从 After Effects 内创建、导入和编辑 CINEMA 4D 文件 (.c4d)，并且可使用复杂 3D 元素、场景和动画。

执行【文件】>【导入】>【文件】命令，选择 CINEMA 4D 文件导入【项目】面板作为素材，可将素材置于现有的合成之上，或创建匹配的合成。

3.2　组织和管理素材

在【项目】面板中，为了保证【项目】面板的整洁和合理，我们还需要对素材进行进一步的组织和管理，也可以对素材进行替换和重新解释。

3.2.1　排序素材项目

在【项目】面板中，素材是按照一定的顺序进行排列的。素材可以按照【名称】【类型】【大小】【帧速率】【入点】等方式进行排列，用户可以通过单击【项目】面板中的属性标签，改变素材的排列顺序。

例如，单击【大小】属性标签，素材会按照素材大小进行排列。通过单击属性标签上的箭头指向，可以改变素材是按照升序还是降序进行排列，如图 3-9 所示。

3.2.2 替换素材

当用户需要对合成中的素材进行替换时，可以通过以下两种方式进行操作。

方式一：用户可以在【项目】面板中选中需要进行替换的素材，执行【文件】>【替换素材】>【文件】命令，在弹出的【替换素材文件】对话框中，选中替代的素材文件。

方式二：用户也可以直接在需要替换的素材上单击鼠标右键，在弹出的菜单中选择【替换素材】>【文件】命令，选中替代的素材文件，如图 3-10 所示。

3.2.3 分类整理素材

通过创建文件夹的方式，可以将素材进行分类整理。分类的方式可以按照镜头号、素材类型等，由用户自由指定分类方式。

用户可以在【项目】面板底部单击【新建文件夹】按钮，在【项目】面板中直接输入新建立的文件夹名称；也可以选中已经创建的文件夹，单击鼠标右键，在弹出的菜单中选择【重命名】命令，修改文件夹的名称，如图 3-11 所示。

当文件夹创建完成后，用户可以选中素材，将素材直接拖曳至相应的文件夹中即可。当需要对文件或文件夹进行删除时，可以直接选中文件或文件夹，单击【删除所选项目项】按钮，或执行【编辑】>【清除】命令。

> **提 示**
>
> 若文件夹中包含素材文件，会弹出警告对话框，提示用户文件夹中包含素材文件，是否进行删除，如图 3-12 所示。

3.2.4 解释素材项目

图 3-9

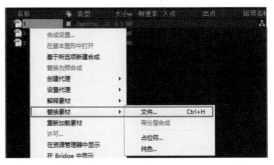

图 3-10

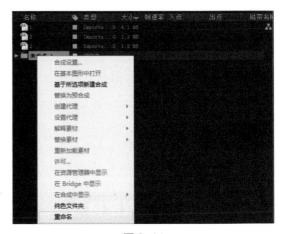

图 3-11

图 3-12

对于已经导入【项目】面板中的素材，如果想再次更改素材的帧速率、像素纵横比、Alpha 通道等信息，可以在【项目】面板中选择需要修改的素材文件，单击【项目】面板底部的【解释素材】按钮；或执行【文件】>【解释素材】>【主要】命令，打开【解释素材】对话框，如图 3-13 所示。

【解释素材】对话框中，包括【Alpha】【帧速率】【开始时间码】【场和 Pulldown】等。

1. Alpha

Alpha 通道的设置用于解释 Alpha 通道与其他通道的交互，主要是针对包含 Alpha 通道信息的素材，如 Tga、Tiff 文件等。当用户导入包含 Alpha 通道的素材时，系统会自动提示是否读取 Alpha 通道信息。

忽略： 选择该选项，将忽略素材中的 Alpha 通道信息。

直接 – 无遮罩： 透明度信息只存储在 Alpha 通道中，而不存储在任何可见的颜色通道中。选择这种方式，仅在支持直接通道的应用程序中显示图像时才能看到透明度结果。

预乘 – 有彩色遮罩： 透明度信息既存储在 Alpha 通道中，也存储在可见的 RGB 通道中，后者乘以一个背景颜色。半透明区域（如羽化边缘）的颜色会受到背景颜色的影响，偏移度与其透明度成比例，可以使用吸管工具或拾色器设置预乘通道的背景颜色。例如，如果通道实际是预乘通道而被解释成直接通道，则半透明区域将保留一些背景颜色，如图 3-14 所示。

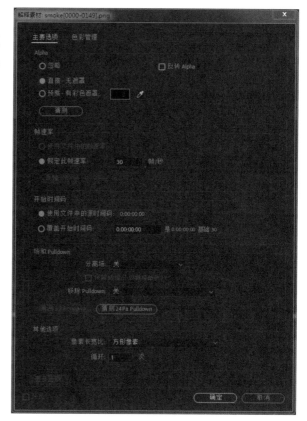

图 3-13

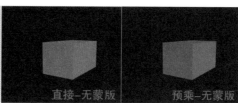

图 3-14

猜测： 系统自动确定图像中使用的通道类型。

反转 Alpha： 勾选该复选框，将会反转 Alpha 通道信息。

2. 帧速率

帧速率用于设置每秒显示的帧数，是设置关键帧时所依据的时间划分方式，主要包括以下两个选项。

使用文件中的帧速率： 选择该选项，素材将使用默认的帧速率进行播放。

假定此帧速率： 用于指定素材的播放速率。

3. 开始时间码

使用文件中的源时间码： 素材将会使用文件中的源时间码进行显示。

覆盖开始时间码： 用于设定素材开始的时间码。用户可以在【素材】面板中观察更改开始时间码后的效果。

4. 场和 Pulldown

每一帧由两个场组成，奇数场和偶数场，又称为高场和低场。隔行视频素材项目的场序决定按何种顺序显示两个视频场（高场和低场）。先绘制高场线后绘制低场线的系统称为高场优先，先绘制低场线后绘制高场线的系统称为低场优先。场以水平分隔线的方式隔行保存帧的内容，在显示时可以选择优先显示高场内容或低场内容。

分离场： 用于设置视频场的先后显示顺序。分离场包括【关】【高场优先】【低场优先】三个选项。

保持边缘（仅最佳品质）： 勾选该复选框，在最佳品质下渲染时，可以提高非移动区域的图像品质。

移除 Pulldown： 用于设置移除 Pulldown 的方式。

猜测 3：2 Pulldown： 当 24 帧 / 秒影片转为 29.97 帧 / 秒视频时，可使用 3：2 Pulldown（3：2 下变换自动预测）过程。在该过程中，视频中的帧将以重复的 3：2 模式跨视频场分布。这种方式将产生全帧和拆分场帧。在此操作之前，用户需要先将场分离为高场优先或低场优先。一旦分离了场，After Effects 就可以分析素材，并确定正确的 3：2 Pulldown 相位和场序。

猜测 24Pa Pulldown： 单击该按钮，移除 24Pa Pulldown。

5. 其他选项

像素长宽比： 用于设置像素的长宽比。像素长宽比指图像中一个像素的宽与高之比。多数计算机显示器使用方形像素，但部分视频格式使用非方形的矩形像素。PAL 制式的标清分辨率为 720×576，画面宽高比为 4：3。若像素的宽高比为 1：1，则实际的 PAL 制式的标清分辨率应为 768×576，所以 PAL 制式标清的像素使用了"拉长"的方式，保证了 4：3 的宽高比。

循环： 用于设置素材的循环次数。

> **提 示**
>
> 当多个素材文件使用相同的解释设置时，可以通过复制一个素材文件的解释设置并应用于其他文件，用户可以在【项目】面板中选择需要复制的解释设置的素材，执行【文件】>【解释素材】>【记住解释】命令，在【项目】面板中选择一个或多个需要应用解释设置的素材文件，执行【文件】>【解释素材】>【应用解释】命令即可，如图 3-15 所示。

图 3-15

▍3.3 创建合成 🔍 ➡

在 After Effects 中，可以在项目中创建多个合成，同时也可以将某一合成作为其他合成的素材继续使用。创建合成是视频制作的基础，通过合成的堆叠可以制作出丰富的动画效果。

3.3.1 创建合成 ↗

创建合成的方式主要包括两种，一种是新建空白合成，然后将素材放入合成当中；一种是基于素材的大小，创建合成。

1. 新建空白合成

创建空白合成的方法主要有三种，用户可以执行【合成】>【新建合成】命令，也可以单击【项目】面板底部的【新建合成】按钮，或者使用快捷键 Ctrl+N，快速地完成空白合成的创建，在弹出的【合成设置】对话框中调整合成的参数，如图 3-16 所示。

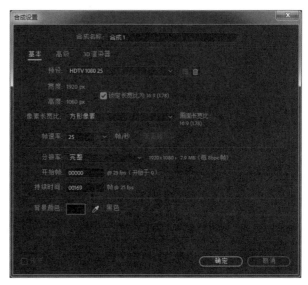

图 3-16

合成名称： 用于设置合成的名称。

预设： 用于选择预设的合成参数。在下拉列表中，提供了大量的合成预设选项。用户可以通过直接选择预设参数，快速地设置合成的类型。

宽度和高度： 用于设置合成的尺寸，单位为像素。当勾选【锁定长宽比】复选框后，再次更改宽度或高度的大小时，系统会根据宽度和高度的比例自动调整其中另一个参数的数值。

像素长宽比： 用于设置单个像素的长宽比例，在下拉列表中可以选择预设的像素长宽比。

帧速率： 用于设置合成项目的帧速率。

分辨率： 用于设置进行视频效果预览的分辨率，一共有五个预设选项，分别为【完整】【二分之一】【三分之一】【四分之一】及【自定义】。用户可以通过降低预览视频的质量提高渲染速度，预览视频的分辨率不影响最终的渲染品质。

开始帧： 用于设置项目开始的时间，默认情况下从第 0 帧开始。

持续时间： 用于设置合成的时间总长度。

背景颜色： 用于设置默认情况下的【合成】面板的背景颜色。

可以通过单击【合成设置】对话框中的【高级】和【3D 渲染器】选项卡，切换到合成的高级参数设置选项，如图 3-17 所示。

图 3-17

锚点： 用于设置合成图像的中心点。

在嵌套时或在渲染队列中，保留帧速率： 勾选该复选框，在进行嵌套合成或在渲染队列中，将使用原始合成的帧速率。

在嵌套时保留分辨率： 勾选该复选框，在进行嵌套合成时，将保留原始合成中设置的图像分辨率。

快门角度： 用于设置快门的角度。快门角度使用素材帧速率确定影响运动模糊量的模拟曝光，如果为图层开启【运动模糊】开关，快门角度可以影响图像的运动模糊程度，如图 3-18 所示。

快门相位： 用于设置快门相位。快门相位用于定义一个相对于帧开始位置的偏移量。

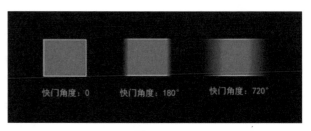

图 3-18

每帧样本： 用于控制 3D 图层、形状层和特定效果的运动模糊的样本的数目。

自适应采样限制： 用于设置二维图层运动自动使用的每帧样本取样的极限值。

渲染器： 用于设置渲染引擎。所选渲染器确定合成中的 3D 图层可以使用的功能，以及如何与 2D 图层交互。在下拉列表中，包括【经典 3D】【CINEMA 4D】【光线追踪 3D】三个选项。【经典 3D】是传统的渲染器，图层可以作为平面放置在 3D 空间中；【CINEMA 4D】渲染器支持文本和形状的凸出，这是凸出 3D 作品在大多数计算机上的首选渲染器；【光线追踪 3D】渲染器支持文本和形状的凸出，仅对具有相应 NVIDIA CUDA 卡的配置推荐此选项。单击【选项】按钮，用户可以在选定模式下调整显示质量。

2. 基于素材创建合成

基于素材创建合成是以素材的尺寸和时间长度为依据，进行合成的创建。基于素材创建合成主要分为单个素材的创建和多个素材的创建。

用户可以在【项目】面板中选中需要创建合成的素材，将素材拖曳至【项目】面板底部的【新建合成】按钮 上。当用户选择了多个素材进行合成创建时，系统将弹出【基于所选项新建合成】对话框，如图 3-19 所示。

在【基于所选项新建合成】对话框中，主要包括以下选项。

创建： 用于设置合成的创建方式，包括【单个合成】和【多个合成】两个选项。【单个合成】将会把多个素材放置在一个合成中，【多个合成】将根据素材的数量创建等量的合成。

图 3-19

选项： 用于设置合成的大小和时间等参数。【使用尺寸来自】用于设置合成尺寸的依据对象，【静止持续时间】用于设置合成的静帧素材的持续时间。勾选【添加到渲染队列】复选框后，合成将添加到渲染队列中。

序列图层： 勾选该复选框后，用于设置序列图层的排列方式。当勾选【重叠】复选框时，可以设置素材的重叠时间及过渡方式。

3.3.2 存储和收集项目文件

创建合成项目以后，用户需要经常存储和备份项目文件并合理命名文件，以便于文件的再次修改和调用。

1. 存储文件

存储文件是将项目保存在本地计算机当中，用户可以执行【文件】>【保存】命令，在弹出的【另存为】对话框中，设置保存文件路径、名称和文件类型，如图 3-20 所示。

图 3-20

> **技 巧**
>
> 用户可以通过执行【文件】>【增量保存】命令，或者使用快捷键 Shift+Ctrl+Alt+S，自动生成新名称保存项目的副本，副本的名称会自动在原始存储项目的名称后添加一个数字，如果项目名称以数字结尾，则该数字自动添加 1 作为增量存储的名称。

如果要使用其他名称保存项目文件，或者重新指定项目的保存位置，用户可以执行【文件】>【另存为】>【另存为】命令，在弹出的【另存为】对话框中重新设置文件的名称和存储位置信息，原始的文件将保留不变。

执行【文件】>【另存为】命令，在弹出的菜单中同样为用户提供了多种保存方式，包括【保存副本】【将副本另存为 XML】【将副本另存为 CC(14)】【将副本另存为 CC(13)】选项，如图 3-21 所示。

图 3-21

保存副本： 可将当前项目使用其他名称保存或保存到其他位置。

将副本另存为 XML： 将当前项目保存为 XML 格式的文档备份，基于文本的 XML 项目文件将一些项目信息保存为十六进制编码的二进制数据。

将副本另存为 CC(14)/ (13)：将文件保存一个可在 After Effects CC(14)/ (13) 中打开的项目。

> **提 示**
>
> 用户可以通过执行【编辑】>【首选项】>【自动保存】命令，设置自动保存项目的时间间隔和数量。

2. 收集文件

当用户需要移动已经保存好的项目文件时，可以执行【文件】>【整理工程（文件）】>【收集文件】命令，系统会将当前文件进行整理并保存，项目中所用资源的副本将保存到磁盘上的单个文件夹中，如图 3-22 所示。

> **提 示**
>
> 执行【收集文件】命令时，首先要对当前的文件进行存储。

图 3-22

3.4 添加 \ 删除 \ 复制效果

After Effects 中自带大量的滤镜效果，可以高效地制作视频特效。用户还可以单独添加效果至 After Effects 中，所有的滤镜效果都保存在 Adobe\Adobe After Effects CC 2018\Support Files\Plug-ins 文件夹中，在重启软件后，After Effects 会在"增效工具"文件夹及其子文件夹中搜索所有安装的效果，并将它们添加到【效果】菜单和【效果和预设】面板中。

3.4.1 添加效果

添加效果的方法主要分为以下几种。

(1) 在【时间轴】面板中选择需要添加效果的图层，在【效果】菜单中选择相应的效果添加即可。

(2) 在【时间轴】面板中选择需要添加效果的图层，单击鼠标右键，在弹出的菜单中选择【效果】命令，然后继续添加所需的效果，如图 3-23 所示。

(3) 在【效果和预设】面板中，选择需要添加的效果，按住鼠标左键，拖曳至【合成】面板中需要添加效果的图层上，松开鼠标即可，如图 3-24 所示。

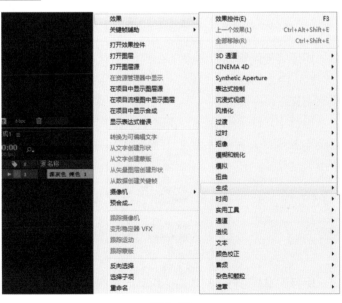

图 3-23

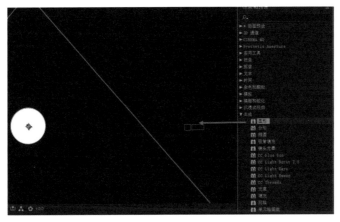

图 3-24

> **提　示**
>
> 用户也可以在【效果和预设】面板中，选择需要添加的效果，按住鼠标左键，拖曳至【时间轴】面板中需要添加效果的图层上，松开鼠标即可。

(4) 在【效果和预设】面板中，选择需要添加的效果，按住鼠标左键，拖曳至【效果控件】面板中需要添加效果的图层上，松开鼠标即可。

(5) 在【时间轴】面板中选择需要添加效果的图层，在【效果控件】面板中单击鼠标右键，在弹出的菜单中选择添加合适的效果。

3.4.2　删除效果

在【时间轴】面板中选择需要删除效果的图层，在【效果控件】面板中选择需要删除的效果，执行【编辑】>【清除】命令，或使用快捷键 Delete 即可删除，如图 3-25 所示。

若需要一次删除多个效果，可以按住 Ctrl 键依次加选效果后执行【清除】命令。选择某一个效果，单击鼠标右键，执行【全部移除】命令，可以一次删除该图层下的所有效果。

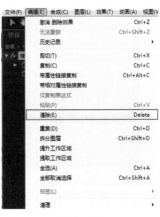

图 3-25

3.4.3　复制效果

在同一个图层中复制效果时，需要在【时间轴】面板中选择需要复制效果的图层，在【效果控件】面板中选择需要复制的效果，执行【编辑】>【重复】命令，或使用快捷键 Ctrl+D 即可完成复制操作，如图 3-26 所示。

在不同的图层之间复制效果时，需要在【时间轴】面板中选择已添加效果的图层，在【效果控件】面板中选择需要复制的效果，执行【编辑】>【复制】命令或使用快捷键 Ctrl+C，在【时间轴】面板中选择需要添加效果的目标图层，执行【编辑】>【粘贴】命令或使用快捷键 Ctrl+V 粘贴效果。

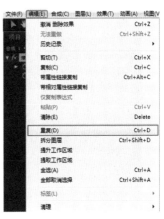

图 3-26

练习3-1 复制效果

素材文件： 实例文件 / 第 03 章 / 练习 3-1

案例文件： 实例文件 / 第 03 章 / 练习 3-1/ 复制效果 .aep

教学视频： 多媒体教学 / 第 03 章 / 复制效果 .mp4

技术要点： 复制效果

操作步骤：

STEP 1 打开配套资源中的"实例文件 / 第 03 章 / 练习 3-1/ 复制效果 .aep"文件，如图 3-27 所示。

STEP 2 选择文字图层"Adobe"，执行【效果】>【生成】>【梯度渐变】命令，设置【渐变起点】为 (466,522),【渐变终点】为 (158,516)，如图 3-28 所示。

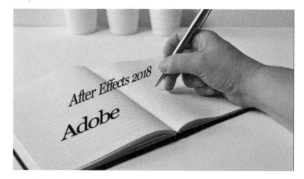

图 3-27

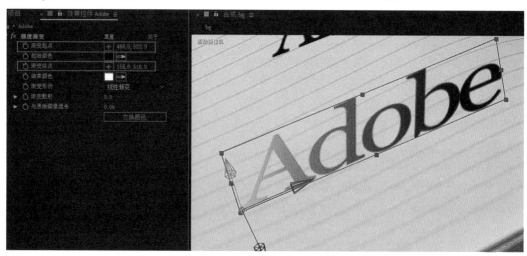

图 3-28

STEP 3 选择文字图层"Adobe"，执行【效果】>【透视】>【斜面 Alpha】命令，设置【边缘厚度】为 3.5，【灯光角度】为 0×-87°，【灯光强度】为 0.5，如图 3-29 所示。

图 3-29

STEP 4 选择文字图层"Adobe"，在【效果控件】面板中选择所有效果,执行【编辑】>【复制】命令，在【时间轴】面板中选择目标图层"After Effects 2018"，执行【编辑】>【粘贴】命令，如图 3-30 所示。

STEP 5 选择文字图层"After Effects 2018"，在【效果控件】面板中选择【梯度渐变】效果，设置【渐变起点】为 (503,474)，【渐变终点】

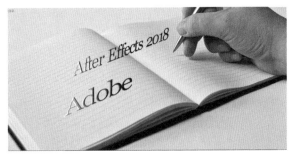

图 3-30

为 (246,341)。选择【斜面 Alpha】效果，设置【边缘厚度】为 1.2，如图 3-31 所示。

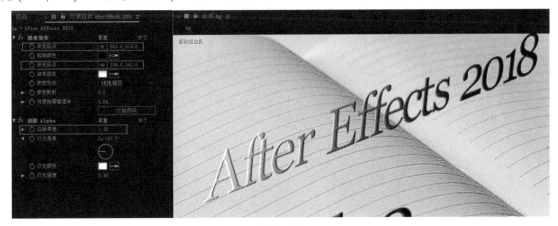

图 3-31

3.5 预览视频和音频

在 After Effects 中制作的项目，可以提前预览所有或部分效果，而不用渲染到最终输出，用户可以通过改变分辨率来改变预览的速度，这就极大地提高了视频制作者的工作效率。

3.5.1 使用预览面板预览视频和音频

After Effects 以实时速度分配 RAM(内存) 以播放音频和视频，内存预览的时间和合成的分辨率、复杂程度与计算机内存的大小相关。

在【预览】面板中，主要包括以下选项，如图 3-32 所示。

预览控制按钮：包括第一帧、上一帧、播放 / 停止、下一帧、最后一帧。

快捷键：选择用于播放 / 停止预览的键盘快捷键，包括空格键、数字小键盘 0 和 Shift+ 数字小键盘 0 等。预览行为取决于当前选定的快捷键指定的设置。

图 3-32

重置：所有快捷键的默认预览设置。

预览视频：激活后将在预览中播放视频。

预览音频：激活后将在预览中播放音频。

预览图层控件：激活后将在预览中显示叠加和图层控件，如参考线、手柄和蒙版。

循环选项：用于设置是否需要循环预览。

在回放前缓存：勾选该复选框，在渲染和缓存阶段，会尽快渲染并缓存帧，随后会立即开始回放缓存的帧。

范围：用于定义要预览的帧的范围。【工作区】只预览工作区内的帧。【工作区域按当前时间延伸】将参照【当前时间指示器】的位置动态扩展工作区。

如果【当前时间指示器】被置于工作区之前，则范围长度是从当前时间到工作区终点。

如果【当前时间指示器】被置于工作区之后，则范围长度是从工作区域起点到当前时间。除非已经启用【围绕当前时间播放】，在这种情况下，范围长度是从工作区起点到合成、图层或素材的最后一帧。

如果【当前时间指示器】被置于工作区内，则范围就是工作区域，没有扩展。

整个持续时间：合成、图层或素材的所有帧。

播放自：用于定义在【范围开头】或【当前时间】进行播放。

帧速率：用于设置预览的帧速率，【自动】选项代表使用合成的帧速率。

跳过：在两个渲染帧之间要跳过的帧数，0 代表渲染所有帧，1 代表在每两帧中跳过一帧。

分辨率：用于设置预览时的画面分辨率。【分辨率】下拉列表中指定的值将覆盖合成的分辨率设置。

全屏：勾选该复选框，将全屏显示预览效果。

如果缓存，则播放缓存的帧：如果要停止仍在缓存的预览，可以选择停止预览还是播放缓存的帧。

将时间移到预览时间：勾选该复选框，如果停止预览，【当前时间指示器】将移动到最后预览的帧（红线）。

> ┌─ **提 示** ─┐
>
> 在仅预览音频时，将立即以实时速度播放，除非用户为音频文件添加了除"立体声混合"之外的"音频效果"，在这种情况下，等待音频渲染后即可播放。

3.5.2 手动预览

在【时间轴】面板中拖曳【当前时间指示器】，可以手动预览视频；按住 Ctrl 键拖曳【当前时间指示器】时，可以同时预览视频文件和音频文件；按住 Ctrl+Alt 键并拖曳【当前时间指示器】时，可以单独预览音频文件。

| 3.6　渲染和导出　　　🔍

在 After Effects 中完成项目后，就可以进行影片的渲染了。渲染是将一个或多个合成添加到渲染队列并以指定的格式创建影片的过程，对于高质量的影片或图像序列，项目的渲染时间会根据项目的尺寸大小、质量、时间长度等因素逐步增加。

在【项目】面板中选择需要渲染的合成文件，执行【合成】>【添加到渲染队列】命令，或将项目合成文件从【项目】面板直接拖曳至【渲染队列】面板中即可，如图 3-33 所示。

图 3-33

3.6.1 渲染设置

渲染设置决定了最终渲染输出的质量，单击【最佳设置】选项，可以弹出【渲染设置】对话框，如图 3-34 所示。

图 3-34

在【渲染设置】对话框中的设置决定了每个与它关联的渲染项的输出。合成本身并不受影响，用户可以自定义设置渲染质量或使用预设的渲染设置，如图 3-35 所示。

品质：用于设置渲染的品质，包括【最佳】(渲染品质最高)、【草图】(质量相对较低，多用于测试)、【线框】(合成中的图像将以线框方式进行渲染)。

分辨率：用于设置渲染合成的分辨率。

磁盘缓存：用于设置渲染期间是否使用磁盘缓存。【只读】不会在渲染中使用磁盘缓存，【当前设置】使用在首选项中的磁盘缓存设置。

代理使用：用于设置是否在渲染时使用代理。【当前设置】将使用每个素材项目的设置。

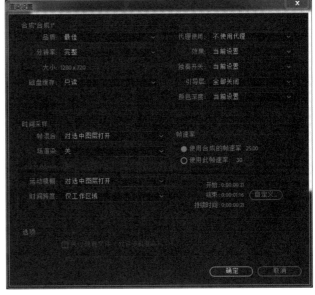

图 3-35

※ 技术专题 代理

为了加快影片的测试预览或渲染的速度，通常可以选择现有的项目素材的低分辨率或静止版本来替代项目素材的文件。

选择素材项目，执行【文件】>【设置代理】>【文件】命令，找到并选择需要作为代理的文件打开即可。执行【文件】>【设置代理】>【无】命令，可以停止使用代理。在【项目】面板中，可以通过观察素材标记来判断是否使用代理，如图 3-36 所示。

空心框表示虽然素材使用了代理，但依旧在使用当前素材项目；实心框表示素材正在使用代理。选择使用代理的素材，将在【项目】

图 3-36

面板的最上方显示代理的名称。当导入代理项目时，After Effects 会缩放该项目，直到它与实际素材具有相同的大小和持续时间，所以一般为了获得相对较好的效果，通常将代理设置为与实际素材项目相同的帧宽高比。例如，如果实际素材项目是 1280×720 像素的影片，可以创建 320×180 像素的代理。

效果：【当前设置】使用效果开关的当前设置，【全部开启】将渲染所有图层效果，【全部关闭】将不渲染任何效果。

独奏开关：【当前设置】使用每个图层的独奏开关设置，【全部关闭】将关闭图层的独奏开关进行渲染。

引导层：【当前设置】将渲染合成中的引导层，【全部关闭】将不渲染引导层。

颜色深度：【当前设置】将按照合成中的颜色深度进行渲染，也可以单独指定【每通道 8 位】【每通道 16 位】和【每通道 32 位】进行渲染。

帧混合：【对选中图层打开】将对开启了帧混合的图层渲染帧混合效果。

场渲染：用于设置是否进行【高场优先】或【低场优先】的渲染。

3：2 Pulldown：用于设置 3：2 Pulldown 的相位。

运动模糊：【对选中图层打开】将对开启了动态模糊的图层渲染动态模糊效果，无论合成的【启用运动模糊】如何设置。【对所有图层关闭】将不渲染所有图层的运动模糊效果。【当前设置】将渲染启用【运动模糊】的图层以及合成的【启用运动模糊】为打开状态的模糊效果。

时间跨度：用于设置渲染的时间范围。【仅工作区域】将只渲染工作区域内的合成，【合成长度】将渲染整个合成，也可以【自定义】渲染的时间范围。

帧速率：用于设置渲染时使用的帧速率，【使用合成的帧速率】将以合成设置的帧速率为标准，【使用此帧速率】可以自定义帧速率。

跳过现有文件（允许多机渲染）：用于设置渲染文件的一部分，在渲染多个文件时，自动识别未渲染的帧，对于已经渲染的帧将不再进行渲染。

3.6.2 渲染设置模板

在创建渲染时，将自动分配默认渲染设置的模板，执行【编辑】>【模板】>【渲染设置】命令，或单击【渲染队列】面板中的【渲染设置】右边的按钮，在下拉列表中选择【创建模板】命令，在弹出的【渲染设置模板】对话框中设置即可，如图 3-37 所示。

单击【新建】按钮，指定渲染设置，可以创建新的渲染设置模板，输入新模板的名称，单击【确定】按钮即可。

图 3-37

在【设置名称】中选择已经存储的模板，单击【编辑】按钮，可以对现有的模板再次进行设置。

单击【复制】按钮，可以对现有的已经选中的模板进行复制操作。

单击【删除】按钮，可以对现有的已经选中的模板进行删除操作。

单击【全部保存】按钮，可以将当前已加载的所有渲染设置模板保存到文件。

单击【加载】按钮，可以加载已保存的渲染设置模板。

> **提　示**
>
> 在【默认】选项区域中，可以指定渲染影片、静帧、预渲染、代理时使用默认的模板。

3.6.3　输出模块设置

输出模块设置用来指定最终的输出文件的格式、大小、是否裁剪、是否输出音频、颜色管理、压缩设置等，如图 3-38 所示。

格式：用于设置输出文件的格式。

包含项目链接：指定是否在输出文件中包括链接到源 After Effects 项目的信息。

渲染后动作：用于设置 After Effects 在渲染合成之后要执行的动作。

包括源 XMP 元数据：默认处于取消选择状态。用于设置是否在输出文件中包括用作渲染合成的源文件中的 XMP 元数据。XMP 元数据可以通过 After Effects 从源文件传递到项目素材、合成，再传递到渲染和导出的文件。

通道：用于设置输出影片中的通道信息。

深度：用于设置输出影片的颜色深度。

颜色：用于设置使用 Alpha 通道创建颜色的方式，包括【预乘（遮罩）】和【直接（无遮罩）】。

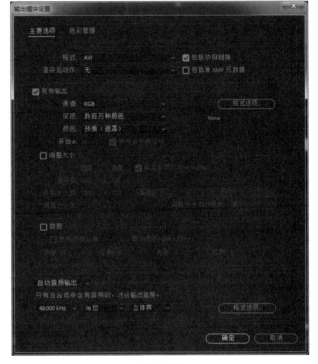

图 3-38

开始 #：用于设置序列起始帧的编号。

使用合成帧编号：将工作区域的起始帧编号添加到序列的起始帧中。

格式选项：用于设置指定格式扩展的选项。

调整大小：用于设置输出影片的大小。勾选【锁定长宽比】复选框可以在缩放尺寸时保持现有帧的长宽比。在渲染测试时可以选择【调整大小后的品质】为低，在最终渲染时可以选择【调整大小后的品质】为高。

裁剪：用于减少或增加输出影片的边缘像素。在顶部、左侧、底部、右侧使用正值裁剪像素行或列，使用负值增加像素行或列。勾选【使用目标区域】复选框，仅导出在【合成】面板或【图层】面板中选择的目标区域。

音频输出： 用于指定音频输出的采样率、采样深度和播放格式（单声道或立体声）。

> **提　示**
>
> 在 After Effects CC 中，类似于 H.264、MPEG-2 和 WMV 的格式均已从渲染队列中移除，因为 Adobe Media Encoder 可实现更佳的效果。使用 Adobe Media Encoder 可导出这些格式。

3.6.4 日志类型

在【日志】选项的下拉列表中，可以选择一个日志类型，包括【仅错误】【增强设置】【增加每帧信息】3 种类型，如图 3-39 所示。

图 3-39

3.6.5 设置输出路径和文件名

单击【输出到】选项后面的文字会弹出【将影片输出到】对话框，在该对话框中可以指定文件的输出路径和名称，如图 3-40 所示。

图 3-40

3.6.6 渲染

在【渲染队列】面板中选中需要渲染的合成文件，单击【渲染】按钮即可进行渲染，如图 3-41所示。

图 3-41

如果输出模块所写入的磁盘空间不足，After Effects 将暂停渲染操作。用户可以通过单击【暂停】按钮在渲染过程中暂停渲染，单击【继续】按钮可以继续进行渲染。

提　示

在进行预览或者最终渲染输出合成时，在【时间轴】面板中将首先渲染最下端的图层，依次往上逐层渲染。在每个栅格 (非矢量) 图层中，将首先渲染蒙版，然后渲染滤镜效果，接着渲染变换以及图层样式。对于连续栅格化的矢量图层，将首先渲染蒙版，然后渲染变换，再渲染滤镜效果。

练习3-2　裁剪影片

素材文件：实例文件 / 第 03 章 / 练习 3-2

案例文件：实例文件 / 第 03 章 / 练习 3-2/ 裁剪影片 .aep

教学视频：多媒体教学 / 第 03 章 / 裁剪影片 .mp4

技术要点：目标区域设置和裁剪影片

操作步骤：

STEP 1 打开配套资源中的"实例文件 / 第 03 章 / 练习 3-2/ 裁剪影片 .aep"文件，如图 3-42 所示。

图 3-42

STEP 2 在【合成】面板中单击【目标区域】，设置目标区域范围，如图 3-43 所示。

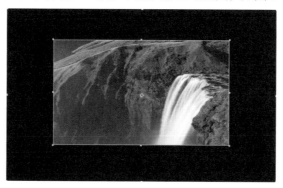

图 3-43

STEP 3 选择"裁剪影片"合成，使用快捷键 Ctrl+M 将合成添加至渲染队列中，在【输出模块】选项中勾选【裁剪】复选框和【使用目标区域】复选框，最终大小由目标区域决定，如图 3-44 所示。

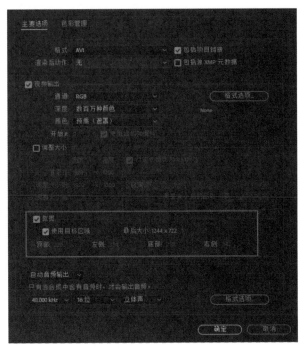

图 3-44

STEP 4 单击【输出到】选项，设置输出格式，指定输出路径，单击【渲染】按钮进行渲染输出，如图 3-45 所示。

图 3-45

| 3.7 综合实战：素材合成

素材文件： 实例文件 / 第 03 章 / 综合实战 / 素材合成
案例文件： 实例文件 / 第 03 章 / 综合实战 / 素材合成 / 素材合成 .aep
教学视频： 多媒体教学 / 第 03 章 / 素材合成 .mp4
技术要点： 素材的导入和管理，创建项目合成及输出
操作步骤：

STEP 1 双击【项目】面板，全选"素材 1"至"素材 4"并将其导入，如图 3-46 所示。

STEP 2 选择【项目】面板中的所有素材，拖曳至【项目】面板底部的【新建合成】按钮上，在弹出的【基于所选项新建合成】对话框中，选择创建【单个合成】，并勾选【序列图层】复选框，如图 3-47 所示。

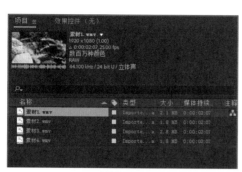

图 3-46　　　　　　　　　　　　　　　　　　　　　　图 3-47

STEP 3 双击【项目】面板，导入"logo.png"素材并拖曳至合成中图层的右上端位置，如图 3-48 所示。

图 3-48

STEP 4 执行【合成】>【合成设置】命令，将【合成名称】设置为"素材合成"，设置【开始时间码】为 0:00:00:00，如图 3-49 所示。

STEP 5 选择"logo.png"图层，执行【效果】>【透视】>【投影】命令，在【效果控件】面板中，设置【不透明度】为 30%，【柔和度】为 3，如图 3-50 所示。

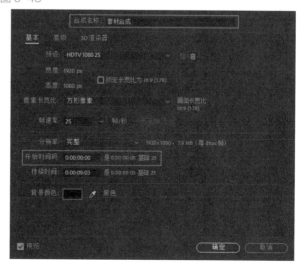

图 3-49

图 3-50

STEP 6 ▶ 预览动画效果，使用快捷键 Ctrl+M 将合成添加至渲染队列并输出，如图 3-51 所示。

图 3-51

至此，本案例制作完成，我们可以单击【播放】按钮，观察动画效果。

第 4 章

图　层

本章将对图层的种类、属性、基础操作、混合模式、关键帧操作等进行详细的介绍。通过对本章的学习，可以充分理解图层的概念，掌握图层的操作方法和技巧。通过对关键帧动画的制作，可以为以后的学习打下坚实的基础。

| 4.1　图层基础知识　Q　➡

图层是构成合成的元素。After Effects 中的图层类似于 Photoshop 中的图层，一张张按顺序叠放在一起，组合起来形成合成的最终效果。

用户可以在【时间轴】面板中调整图层的分布，After Effects 会对合成中的图层进行编号，其编号会显示在图层名称的左侧位置。图层的堆叠顺序会影响合成的最终效果。在默认设置下，图层按照从上往下的顺序依次叠放，上层图层的图像会遮盖下层图层的图像。用户也可以通过调整混合模式，使上下图层进行各种混合，产生特殊的效果，如图 4-1 所示。

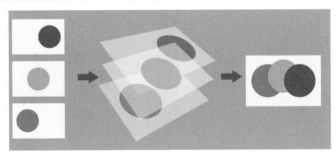

图 4-1

4.1.1　图层的种类

在 After Effects 中，用户可以创建多种图层，主要分为以下几种。

(1) 基于导入的素材项目 (如静止图像、影片和音频轨道) 的视频和音频图层。

(2) 用来执行特殊功能的图层 (如摄像机、灯光、调整图层和空对象)。

(3) 创建的纯色素材项目的纯色图层。

(4) 形状图层和文本图层。

(5) 预合成图层。

其中，After Effects 为用户提供了
9 种不同的新建图层，大多数命令的新
建图层都会立即在现有选定图层的上方
创建，如果未选择任何图层，则新图层
会在堆栈的最上方创建。用户可以执行
【图层】>【新建】命令，选中任意图层
类型，即可创建一个新的图层，如图 4-2
所示。

图 4-2

> **提 示**
>
> 在【时间轴】面板中的空白区域，单击鼠标右键，在弹出的菜单中选择【新建】命令，同
> 样能够创建不同类型的图层。

1. 文本图层

用户可以执行【图层】>【新建】>【文
本】命令创建文本图层。文本图层是用于
创建文字效果的图层，如图 4-3 所示。

2. 纯色图层

用户可以执行【图层】>【新建】>【纯
色】命令创建纯色图层。纯色图层是具有
颜色的图层，用户可以选择纯色图层，执
行【图层】>【纯色设置】命令，再次修改
纯色图层的参数信息，如图 4-4 所示。

3. 灯光图层

用户可以执行【图层】>【新建】>【灯
光】命令创建灯光图层。灯光图层用于模
拟不同种类的灯光的效果，在灯光图层
的属性面板中，用户可以设置灯光图层
的【灯光类型】【颜色】【强度】等参数，
如图 4-5 所示。

4. 摄像机图层

用户可以执行【图层】>【新建】>【摄
像机】命令创建摄像机图层。摄像机图
层用来在 3D 模式下模拟摄像机运动效
果，如图 4-6 所示。

图 4-3

图 4-4

图 4-5

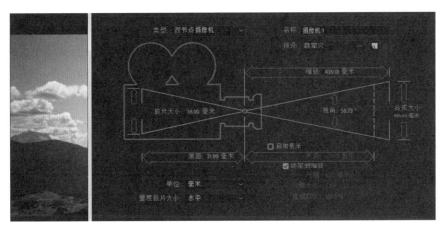

图 4-6

5. 空对象图层

用户可以执行【图层】>【新建】>【空对象】命令创建空对象图层。空对象图层是具有图层的所有属性的不可见图层，因此经常用来配合表达式和作为父级图层使用，如图 4-7 所示。

图 4-7

6. 形状图层

用户可以执行【图层】>【新建】>【形状图层】命令创建形状图层，如图 4-8 所示。

图 4-8

7. 调整图层

用户可以执行【图层】>【新建】>【调整图层】命令创建调整图层。调整图层会影响在图层堆叠顺序中位于该图层之下的所有图层，位于图层堆叠顺序底部的调整图层没有可视结果，如图 4-9 所示。

> **提 示**
>
> 除了通过执行【图层】>【新建】>【调整图层】命令创建调整图层外，还可以在【时间轴】面板中通过单击图层属性中的【调整图层】按钮，将其他图层转换为调整图层。

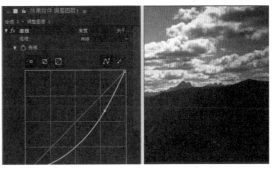

图 4-9

8. Adobe Photoshop 文件

用户可以执行【图层】>【新建】>【Adobe Photoshop 文件】命令创建 Adobe Photoshop 文件图层，如图 4-10 所示。

图 4-10

9. MAXON CINEMA 4D 文件

用户可以执行【图层】>【新建】>【MAXON CINEMA 4D 文件】命令创建 CINEMA 4D 文件，如图 4-11 所示。

图 4-11

4.1.2 图层的属性

在 After Effects 中，经常会使用图层属性制作动画效果。除音频图层外，每个图层都具有一个基本的【变换】属性组，该组包括【锚点】【位置】【缩放】【旋转】【不透明度】属性，如图 4-12 所示。

锚点:【锚点】就是图层的轴心点, 图层的【位置】【旋转】和【缩放】都是基于【锚点】来操

图 4-12

作的。【锚点】属性的快捷键为 A，当对图层进行旋转、位移和缩放操作时，【锚点】的位置会影响最终的效果。

位置:【位置】属性用来调整图层在画面中的位置，可以通过【位置】属性制作位移动画效果。【位置】属性的快捷键为 P，普通的二维图层通过 X 轴和 Y 轴两个参数来定义图层位于合成中的位置。

缩放:【缩放】属性用来控制图层的大小，缩放的中心为【锚点】所在的位置，普通的二维图层通过 X 轴和 Y 轴两个参数来调整。【缩放】属性的快捷键为 S，当进行缩放操作时，图层【缩放】属性中的【约束比例】按钮，默认为开启状态。用户可以通过单击【约束比例】按钮解除锁定，对图层的 X 轴和 Y 轴进行单独调节。

旋转:【旋转】属性用来控制图层在画面中旋转的角度。【旋转】属性的快捷键为 R，普通的二维图层的【旋转】属性由圈数和度数两个参数组成。如 1× +20° 表示图层旋转了 1 圈又 20°，即 380°。

不透明度:【不透明度】属性用来控制图层的不透明度效果，以百分比的方式来显示。【不透明度】属性的快捷键为 T，当数值为 100% 时，图层完全不透明; 当数值为 0% 时，图层完全透明。

> **技　巧**
>
> 在使用快捷键显示图层属性时，如果需要一次显示两个或两个以上的属性，可以按住键盘上的 Shift 键，追加其他属性的快捷键即可。

4.1.3 图层的开关

图层的许多特性由其图层开关决定，这些开关排列在【时间轴】面板中的各列中，如图 4-13 所示。

图 4-13

图层开关: 展开或折叠【图层开关】窗格。

转换控制: 展开或折叠【转换控制】窗格。

入点 / 出点 / 持续时间 / 伸缩: 展开或折叠【入点】/【出点】/【持续时间】/【伸缩】窗格。

视频: 隐藏或显示来自合成的视频。

音频: 启用或禁用图层声音。

独奏: 隐藏所有非独奏视频

锁定: 锁定图层，阻止编辑图层。

消隐: 在【时间轴】面板中显示或隐藏图层。

折叠变换 / 连续栅格化: 如果图层是预合成，则折叠变换; 如果图层是形状图层、文本图层或以矢量图形文件 (如 Adobe Illustrator 文件) 作为源素材的图层，则连续栅格化。为矢量图层选择此开关会导致 After Effects 重新栅格化图层的每个帧，这会提高图像品质，但也会增加预览和渲染所需的时间。

质量和采样: 在图层渲染品质的【最佳】和【草稿】选项之间切换。

效果: 显示或关闭图层滤镜效果。

帧混合: 用于设置帧混合的状态，可分为【帧混合】【像素运动】【关】三种模式。

运动模糊: 启用或禁用运动模糊。

调整图层: 将图层转换为调整图层。

3D 图层: 将图层转换为 3D 图层。

| 4.2 图层操作

4.2.1 选择图层

在进行合成效果制作时，经常需要选择一个或多个图层进行编辑，对于单个图层，用户可以直接在【时间轴】面板中单击所要选择的图层。当用户需要选择多个图层时，可以使用以下方式。

(1) 在【时间轴】面板左侧按住鼠标左键框选多个连续的图层。

(2) 在【时间轴】面板左侧单击起始图层，按住 Shift 键，单击至结束图层。

(3) 在【时间轴】面板左侧单击起始图层，按住 Ctrl 键，单击需要选择的图层，这样就可以实现图层的单独加选。

(4) 在颜色标签 上单击鼠标右键，在弹出的菜单中选择【选择标签组】命令，可将相同标签颜色的图层同时选中。

(5) 执行【编辑】>【全选】命令，或使用快捷键 Ctrl+A，选择【时间轴】面板中的所有图层。执行【编辑】>【全部取消选择】命令，或使用快捷键 Shift+Ctrl+A，可以将已经选中的图层全部取消。

4.2.2 改变图层的排列顺序

在【时间轴】面板中可以观察图层的排列顺序，改变图层的顺序将影响最终的合成效果。用户可以通过按住鼠标左键拖曳图层从而调整图层的上下位置，也可以执行【图层】>【排列】命令，调整图层的位置，如图 4-14 所示。

图 4-14

将图层置于顶层：用于将选中的图层调整至最上层。

使图层前移一层：用于将选中的图层向上移动一层。

使图层后移一层：用于将选中的图层向下移动一层。

将图层置于底层：用于将选中的图层调整至最下层。

> **提 示**
>
> 当改变调整图层的位置时，调整图层以下的所有图层都将受到调整图层的影响。

4.2.3 复制图层

当用户需要对【时间轴】面板中的图层进行复制操作时，可以执行【编辑】>【重复】命令，或使用快捷键 Ctrl+D，即为当前图层复制出一个图层。

4.2.4 拆分图层

在 After Effects 中，用户可以通过拆分，将一个图层分为两个独立的图层。选中需要拆分的图层，在【时间轴】面板中将【当前时间指示器】调整到需要拆分的位置，执行【编辑】>【拆分图层】命令，即可将图层在当前时间分为两个独立的图层，如图 4-15 所示。

图 4-15

提 示

在执行【拆分图层】命令时，若没有选中任何图层，系统会在当前时间下拆分合成中的所有图层。

4.2.5 提升 / 提取工作区域

在合成中，如果需要移除其中的某些内容，可以选择需要提升 / 提取的图层，执行【编辑】>【提升工作区域】或【提取工作区域】命令进行相应的内容移除，如图 4-16 所示。【提升工作区域】和【提取工作区域】的操作方式基本一致，首先需要设置工作区域。在【时间轴】面板中可使用快捷键 B 设置工作区域的起始位置，使用快捷键 N 设置工作区域的结束位置。

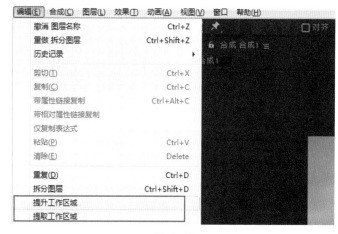

图 4-16

提升工作区域： 提升工作区域可以移除工作区域内被选中的图层内容，但是被选择图层的总时长保持不变，中间会保留删除后的空间，如图 4-17 所示。

图 4-17

提取工作区域： 提取工作区域可以移除工作区域内被选中的图层内容，但是被选择图层的总时长会被缩短，删除后的空间将会被后段素材所取代，如图 4-18 所示。

图 4-18

4.2.6 设置图层的出入点

用户可以在【时间轴】面板中，对图层的时间出入点进行精确的设置，也可以通过手动调节的方式完成。

在【时间轴】面板中按住鼠标左键拖曳图层左侧的边缘位置，或将【当前时间指示器】调整到相应位置，使用快捷键 Alt+【调整图层的入点，如图 4-19 所示。

图 4-19

在【时间轴】面板中按住鼠标左键拖曳图层右侧的边缘位置，或将【当前时间指示器】调整到相应位置，使用快捷键 Alt+】调整图层的出点。

用户可以通过单击【时间轴】面板中的【入】【出】和【持续时间】选项，直接输入数值来改变图层的出入点和持续时间，如图 4-20 所示。

图 4-20

4.2.7 父子图层

在对某一个图层做基础属性变换时，若想对其他图层产生相同效果的影响，可以通过设置父子图层的方式来实现。当父级图层的基础属性发生变化时，子级图层除不透明度以外的属性随父级图层发生改变。用户可以在【时间轴】面板的【父级】选项中设置指定图层的父级图层，如图 4-21 所示。

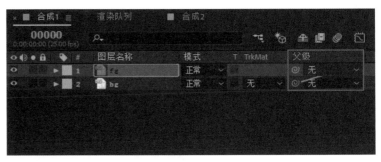

图 4-21

> **提 示**
>
> 一个父级图层可以同时拥有多个子级图层，但是一个子级图层只能有一个父级图层。

4.2.8 自动排列图层

在进行图层排列时，可以使用【关键帧辅助】功能对图层进行自动排列。用户首先需要选择所有的图层，执行【动画】>【关键帧辅助】>【序列图层】命令，选择的第一个图层是最先出现的图层，其他被选择的图层将按照一定的顺序在时间线上自动排列，如图 4-22 所示。

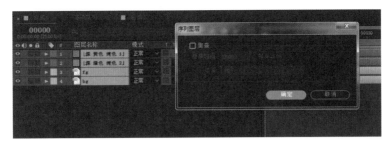

图 4-22

用户可以通过勾选【重叠】复选框,设置图层之间是否
产生重叠以及重叠的持续时间和过渡方式,如图 4-23 所示。

持续时间:用来设置图层之间的重叠时间。

过渡:用来设置重叠部分的过渡方式,分为【关】
【溶解前景图层】和【交叉溶解前景和背景图层】三种方式。

图 4-23

| 4.3 图层混合模式

图层混合模式就是将当前图层与下层图层相互混合、叠加或交互,通过图层素材之间的相互影
响,使当前图层画面产生变化效果。图层混合模式分为 8 组,38 种模式。用户可以在【时间轴】
面板中选中需要修改混合模式的图层,执行【图层】>【混合模式】命令,选择相应的混合模式。

技 巧

在【时间轴】面板使用快捷键 F4 可以快速切换是否显示图层的混合模式面板。

1. 普通模式组

普通模式组的混合效果就是将
当前图层素材与下层图层素材的不
透明度产生相应的变化效果。包括
【正常】【溶解】【动态抖动溶解】3
种模式。

正常:默认模式,当图层素材
不透明度为 100% 时,则遮挡下层
素材的显示效果,如图 4-24 所示。

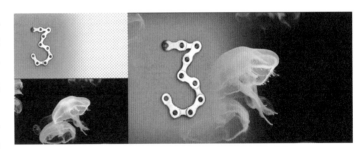

图 4-24

溶解:影响图层素材之间的融
合显示,图层结果影像像素由基础
颜色像素或混合颜色像素随机替换,
显示取决于像素不透明度的多少。
如果不透明度为 100% 时,则不显
示下层素材影像,如图 4-25 所示。

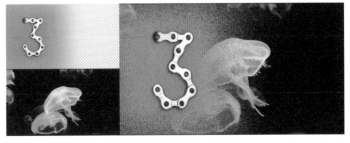

图 4-25

提 示

降低图层的不透明度，溶解效果会更加明显。

动态抖动溶解: 除了为每帧重新计算概率函数外，与【溶解】相同，结果随时间而变化。

2. 变暗模式组

变暗模式组的主要作用就是使当前图层素材颜色整体加深变暗。包括【变暗】【相乘】【颜色加深】【线性加深】【经典颜色加深】和【较深的颜色】6 种模式。

变暗: 两个图层间素材相混合时，查看并比较每个通道的颜色信息，选择基础颜色和混合颜色中较为偏暗的颜色作为结果颜色，用暗色替代亮色，如图 4-26所示。

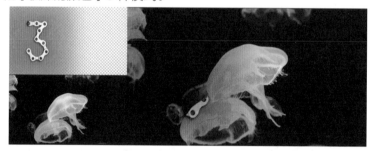

图 4-26

相乘: 是一种减色模式，将基础颜色通道与混合颜色通道的数值相乘，再除以位深度像素的最大值，具体结果取决于图层素材的颜色深度。而颜色相乘后会得到一种更暗的效果，如图 4-27所示。

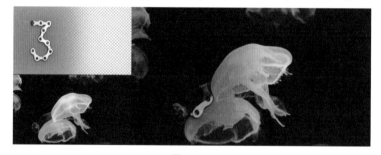

图 4-27

颜色加深: 用于查看并比较每个通道中的颜色信息，增加对比度使基础颜色变暗，结果颜色是混合颜色变暗而形成的。混合影像中的白色部分不发生变化，如图 4-28 所示。

经典颜色加深: After Effects 5.0 和更低版本中的【颜色加深】模式已重命名为【经典颜色加深】。使用它可保持与早期项目的兼容性。

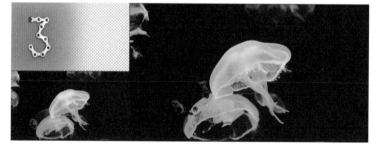

图 4-28

线性加深: 用于查看并比较每个通道中的颜色信息，通过减小亮度使基础颜色变暗，并反映混合颜色，混合影像中的白色部分不发生变化，比相乘模式产生的效果更暗，如图 4-29 所示。

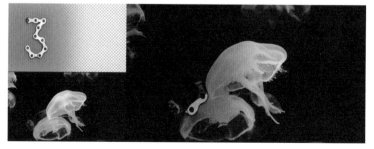

图 4-29

较深的颜色： 与变暗相似，但较深的颜色模式不会比较素材间的生成颜色，只对素材进行比较，选取最小数值为结果颜色，如图 4-30 所示。

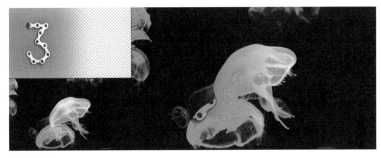

图 4-30

3. 变亮模式组

变亮模式组的主要作用就是使图层素材的颜色整体变亮。包括【相加】【变亮】【屏幕】【颜色减淡】【经典颜色减淡】【线性减淡】和【较浅的颜色】7 种模式。

相加： 每个结果颜色通道值是源颜色和基础颜色的相应颜色通道值的和，如图 4-31 所示。

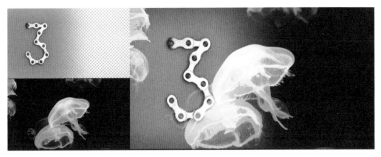

图 4-31

> **提 示**
>
> 素材中的黑色背景去除更多的情况下选用的就是【相加】模式，如带有黑色背景的火焰效果。

变亮： 两个图层间素材相混合时，查看并比较每个通道的颜色信息，选择基础颜色和混合颜色中较为明亮的颜色作为结果颜色，用亮色替代暗色，如图 4-32 所示。

屏幕： 用于查看每个通道中的颜色信息，并将混合之后的颜色与基础颜色进行相乘，得到一种更亮的效果，如图 4-33 所示。

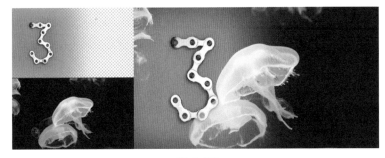

图 4-32

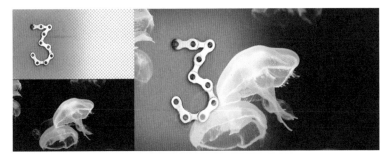

图 4-33

颜色减淡： 用于查看并比较每个通道中的颜色信息，通过减小二者之间的对比度使基础颜色变亮以反映出混合颜色。混合影像中的黑色部分不发生变化，如图 4-34 所示。

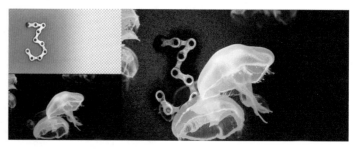

图 4-34

经典颜色减淡： After Effects 5.0 和更低版本中的【颜色减淡】模式已重命名为【经典颜色减淡】，使用它可保持与早期项目的兼容性。

线性减淡： 用于查看并比较每个通道中的颜色信息，通过增加亮度使基础颜色变亮以反映混合颜色。混合影像中的黑色部分不发生变化，如图 4-35 所示。

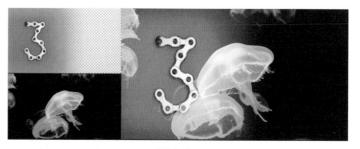

图 4-35

较浅的颜色： 与变亮相似，但不对各个颜色通道执行操作，只对素材进行比较，选取最大数值为结果颜色，如图 4-36 所示。

4. 叠加模式组

叠加模式组的混合效果就是将当前图层素材与下层图层素材的颜色亮度进行比较，查看灰度后，选择合适的模式叠加效果。包括【叠加】【柔光】【强光】【线性光】【亮光】【点光】和【纯色混合】7种模式。

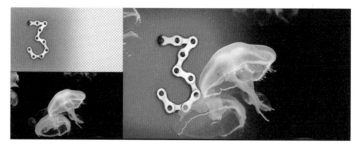

图 4-36

叠加： 对当前图层的基础颜色进行正片叠底或滤色叠加，保留当前图层素材的明暗对比，如图 4-37 所示。

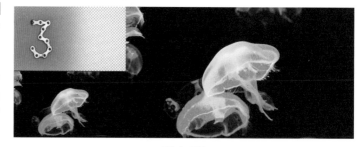

图 4-37

柔光： 使结果颜色变暗或变亮，具体取决于混合颜色。与发散的聚光灯照在图像上的效果相似。如果混合颜色比 50% 灰色亮，则结果颜色变亮，反之则变暗。混合影像中的纯黑或纯白颜色，可以产生明显的变暗或变亮效果，但不能产生纯黑或纯白颜色效果，如图 4-38 所示。

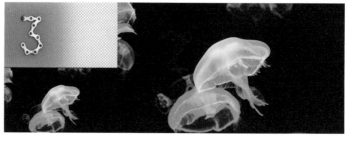

图 4-38

强光： 模拟强烈光线照在图像上的效果。该效果对颜色进行正片叠底或过滤，具体取决于混合颜色。如果混合颜色比 50% 灰色亮，则结果颜色变亮，反之则变暗。多用于添加高光或阴影效果。混合影像中的纯黑或纯白颜色，在素材混合后仍会产生纯黑或纯白颜色效果，如图 4-39 所示。

图 4-39

线性光： 通过减小或增加亮度来加深或减淡颜色，具体取决于混合颜色。如果混合颜色比 50% 灰色亮，则通过增加亮度使图像变亮，反之，则通过减小亮度使图像变暗，如图 4-40 所示。

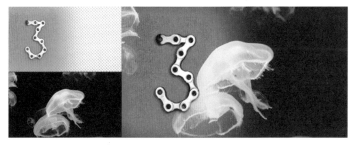

图 4-40

亮光： 通过增加或减小对比度来加深或减淡颜色，具体取决于混合颜色。如果混合颜色比 50% 灰色亮，则通过减小对比度使图像变亮，反之，则通过增加对比度使图像变暗，如图 4-41 所示。

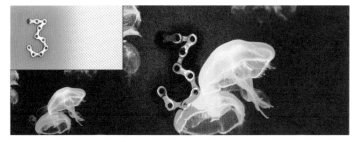

图 4-41

点光： 根据混合颜色替换颜色。如果混合颜色比 50% 灰色亮，则替换比混合颜色暗的像素，而不改变比混合颜色亮的像素。如果混合颜色比 50% 灰色暗，则替换比混合颜色亮的像素，而比混合颜色暗的像素保持不变。这对于向图像添加特殊效果非常有用，如图 4-42 所示。

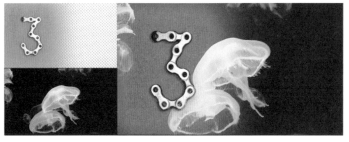

图 4-42

纯色混合： 提高源图层上蒙版下面的可见基础图层的对比度。蒙版大小确定对比区域，反转的源图层确定对比区域的中心，如图 4-43所示。

5. 差值模式组

差值模式组是基于当前图层与下层图层的颜色值来产生差异效果。包括【差值】【经典差值】【排除】

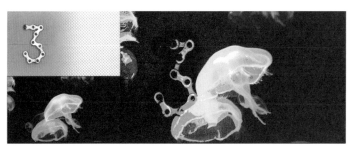

图 4-43

【相减】【相除】5 种模式。

差值： 对于每个颜色通道，从浅色输入值中减去深色输入值。使用白色绘画会反转背景颜色，使用黑色绘画不会产生任何变化，如图 4-44 所示。

经典差值： After Effects 5.0 和更低版本中的【差值】模式已重命名为【经典差值】。使用它可保持与早期项目的兼容性。

排除： 创建与【差值】模式相似但对比度更低的结果。如果源颜色是白色，则结果颜色是基础颜色的补色。如果源颜色是黑色，则结果颜色是基础颜色，如图 4-45 所示。

相减： 从基础颜色中减去源颜色。如果源颜色是黑色，则结果颜色是基础颜色。在 32-bpc 项目中，结果颜色值可以小于 0，如图 4-46 所示。

相除： 基础颜色除以源颜色。如果源颜色是白色，则结果颜色是基础颜色。在 32-bpc 项目中，结果颜色值可以大于 1.0，如图 4-47 所示。

6. 颜色模式组

颜色模式组会改变下层颜色的色相、饱和度和明度等信息。包括【色相】【饱和度】【颜色】【发光度】4 种模式。

色相： 结果颜色具有基础颜色的发光度和饱和度以及源颜色的色相，如图 4-48 所示。

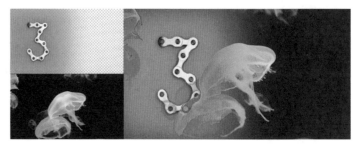

图 4-44

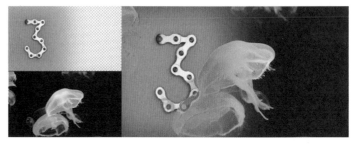

图 4-45

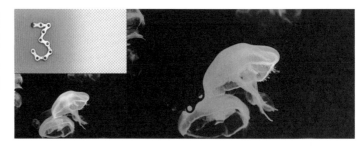

图 4-46

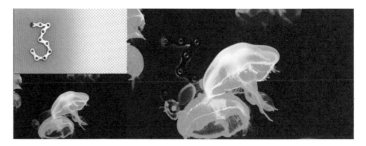

图 4-47

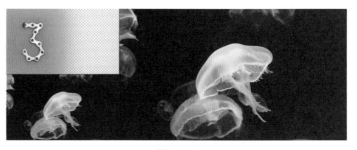

图 4-48

饱和度：结果颜色具有基础颜色的发光度和色相以及源颜色的饱和度，如图 4-49 所示。

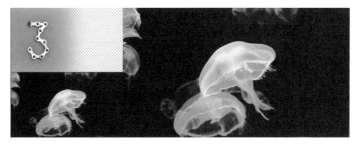

图 4-49

颜色：结果颜色具有基础颜色的发光度和饱和度以及源颜色的色相。此混合模式保持基础颜色中的灰色阶且用于为灰度图像上色和为彩色图像着色，如图 4-50 所示。

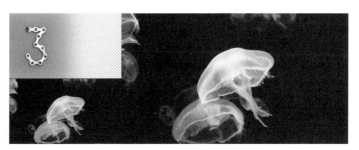

图 4-50

发光度：结果颜色具有基础颜色的色相和饱和度以及源颜色的发光度。此模式与【颜色】模式相反，如图 4-51 所示。

图 4-51

7. 蒙版模式组

蒙版模式组可以将源图层转换为下层图层的遮罩。包括【模板 Alpha】【模板亮度】【轮廓 Alpha】【轮廓亮度】4 种模式。

模 板 Alpha： 使 用 图 层 的 Alpha 通道创建模板，如图 4-52 所示。

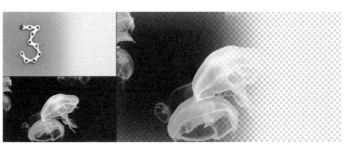

图 4-52

模板亮度：使用图层的亮度值创建模板。图层的浅色像素比深色像素更不透明，如图 4-53 所示。

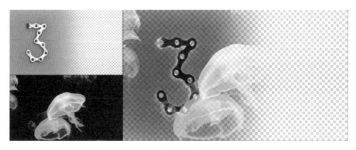

图 4-53

轮廓 Alpha：使用图层的 Alpha 通道创建轮廓，如图 4-54 所示。

轮廓亮度：使用图层的亮度值创建轮廓。混合颜色的亮度值确定结果颜色中的不透明度。源的浅色像素比深色像素更透明。使用纯白色绘画会创建 0% 不透明度。使用纯黑色绘画不会生成任何变化，如图 4-55 所示。

8. 共享模式组

共享模式组可以使下层图层与源图层的 Alpha 通道或透明区域像素产生相互作用。包括【Alpha 添加】和【冷光预乘】两种模式。

Alpha 添加：通过为合成添加色彩互补的 Alpha 通道来创建无缝的透明区域。用于从两个相互反转的 Alpha 通道或从两个接触的动画图层的 Alpha 通道边缘删除可见边缘，如图 4-56 所示。

冷光预乘：通过将超过 Alpha 通道值的颜色值添加到合成中来防止修剪这些颜色值。在应用此模式时，可以通过将预乘 Alpha 源素材的解释更改为直接 Alpha 来获得最佳结果，如图 4-57 所示。

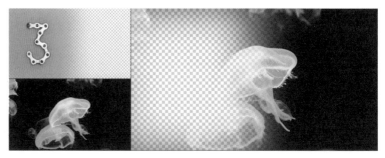

图 4-54

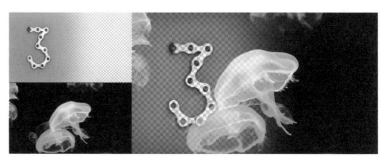

图 4-55

图 4-56

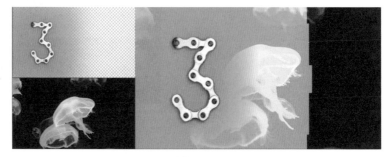

图 4-57

4.4 合成嵌套

合成嵌套是将一个合成放置在另一个合成中，当需要对多个图层使用相同的变换命令和特效，或是对合成中的图层进行分组时，可以使用合成嵌套。合成嵌套又称为预合成，会将合成中的图层放置在新合成中，这将替换原始合成中的图层。新的嵌套合成将成为原始合成中单个图层的源。

用户可以在【时间轴】面板中选择一个或多个图层，执行【图层】>【预合成】命令，或使用快捷键 Shift+Ctrl+C，在弹出的【预合成】对话框中设置相应的选项，如图 4-58 所示。

保留合成中的所有属性： 将所有图层的属性、关键帧信息等保留在合成中。当选择了多个图层、文本图层和形状图层时，此选项不可用。

将所有属性移动到新合成： 将所有图层的属性、关键帧信息等移动到新建的合成中。

图 4-58

打开新合成： 勾选该复选框，执行【预合成】命令后，将在【时间轴】面板中打开新合成。

4.5 创建关键帧动画

改变图层或图层效果的一个或多个属性，并把这些变化记录下来，就可以创建关键帧动画。

4.5.1 激活关键帧

在 After Effects 中，每个可以制作动画的属性参数前都有一个【时间变化秒表】按钮，单

击该按钮即可制作关键帧动画。激活【时间变化秒表】按钮，在【时间轴】面板中任何属性的变化都将产生新的关键帧，在【时间轴】面板中将出现关键帧按钮。当用户再次单击【时间变化秒表】按钮时，将会停用记录关键帧功能，所有已经设置的关键帧将自动取消，如图 4-59 所示。

图 4-59

4.5.2 显示关键帧曲线

在【时间轴】面板中单击【图表编辑器】按钮，即可显示关键帧曲线。在图表编辑器中，每个属性都通过它自己的曲线表示，用户可以很方便地观察和处理一个或多个关键帧，如图 4-60 所示。

图 4-60

选择具体显示在图表编辑器中的属性： 用于设置显示在图表编辑器中的属性。包括【显示选择的属性】【显示动画属性】【显示图表编辑器集】。

选择图表类型和选项： 用于选择图表显示的类型等，如图 4-61 所示。

自动选择图表类型：自动为属性选择适当的图表类型。

编辑值图表：为所有属性显示值图表。

编辑速度图表：为所有属性显示速度图表。

显示参考图表：在后台显示未选择且仅供查看的图表类型。

显示音频波形：显示音频波形。

显示图层的入点 / 出点：显示具有属性的所有图层的入点和出点。

显示图层标记：显示图层标记。

显示图表工具技巧：打开和关闭图表工具提示。

图 4-61

显示表达式编辑器：显示或隐藏表达式编辑器。

允许帧之间的关键帧：允许在两帧之间继续插入关键帧。

变换框▦：激活该按钮后，在选择多个关键帧时，显示变换框。

吸附▯：激活该按钮后，在编辑关键帧时将自动进行吸附对齐的操作。

自动缩放图表高度▯：切换自动缩放高度模式来自动缩放图表的高度，以使其适合图表编辑器的高度。

使选择适于查看▦：在图表编辑器中调整图表的值（垂直）和时间（水平）刻度，使其适合选定的关键帧。

使所有图表适于查看▦：在图表编辑器中调整图表的值（垂直）和时间（水平）刻度，使其适合所有图表。

分离尺寸▦：在调节【位置】属性时，单击该按钮可以单独调节【位置】属性的动画曲线。

编辑选定的关键帧◆：用于设置选定的关键帧，在弹出的菜单中选择相应的命令即可。

关键帧插值设置▮▮▮：用于设置关键帧插值方式，依次为【定格】【线性】【自动贝塞尔曲线】。

关键帧曲线设置▮▮▮：用于设置关键帧辅助类型，依次为【缓动】【缓入】【缓出】。

4.5.3 选择关键帧

当为图层添加了关键帧后，用户可以通过关键帧导航器从一个关键帧跳转到另一个关键帧，同时也可以对关键帧进行删除或添加操作，如图 4-62 所示。

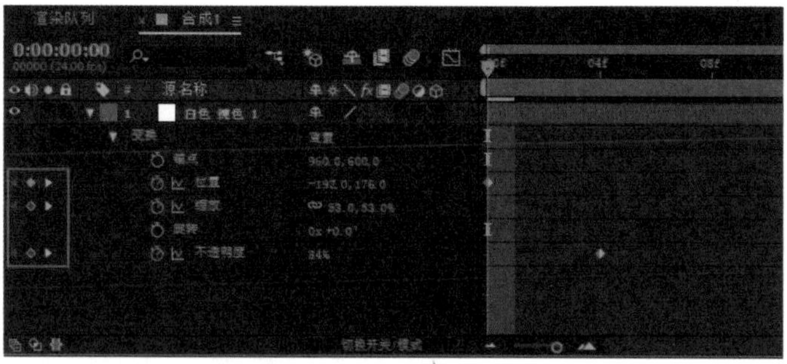

转到上一个关键帧◀：单击该按钮可以跳转到上一个关键帧的位置，快捷键为 J。

图 4-62

转到下一个关键帧▶：单击该按钮可以跳转到下一个关键帧的位置，快捷键为 K。

在当前时间添加或移除关键帧◆：当前时间点若有关键帧，单击该按钮，表示取消关键帧；当前时间点若没有关键帧，单击该按钮，将在当前时间点添加关键帧。

> **提　示**
>
> 单击【转到上一个关键帧】和【转到下一个关键帧】按钮时，仅适用于当前指定属性。

※ 技术专题　选择关键帧

当用户进行关键帧选择时，还可以通过下列方法来实现。

(1) 同时选择多个关键帧：当用户需要选择多个关键帧时，可以按住 Shift 键连续单击选择关键帧，或按住鼠标左键进行拖曳，在选框内的关键帧都将被选中。

(2) 选择所有关键帧：当用户需要选择图层属性中所有的关键帧时，在【时间轴】面板中单击图层的属性名称即可。

(3) 选择具有相同属性的关键帧：当用户需要选择同一个图层中属性数值相同的关键帧时，可以选择其中一个关键帧，单击鼠标右键，在弹出的菜单中选择【选择相同关键帧】命令。

(4) 选择某个关键帧之前或之后的所有关键帧：当用户需要选择同一个图层中某个关键帧之前或之后的所有关键帧时，可以单击鼠标右键，在弹出的菜单中选择【选择前面的关键帧】或【选择跟随关键帧】命令。

4.5.4　编辑关键帧

1. 移动关键帧

当需要改变关键帧在时间轴中的位置时，选择需要移动的关键帧，按住鼠标左键进行拖曳即可。若用户选择的是整体移动多个关键帧，关键帧之间的相对位置保持不变。

2. 修改关键帧数值

当需要修改关键帧数值时，选中需要修改参数的关键帧，双击，在弹出的对话框中输入数值即可；或在选中的关键帧上单击鼠标右键，在弹出的菜单中选择【编辑值】命令，如图 4-63 所示。

3. 复制和粘贴关键帧

图 4-63

选择需要复制的一个或多个关键帧，执行【编辑】>【复制】命令，将【当前时间指示器】移动到需要粘贴的时间处，执行【编辑】>【粘贴】命令即可，粘贴后的关键帧依然处于被选中的状态，用户可以继续对其进行编辑，也可以使用快捷键 Ctrl+C 和 Ctrl+V 完成上述操作。

提　示

当用户需要剪切和粘贴关键帧时，执行【编辑】>【剪切】命令，将【当前时间指示器】移动到需要粘贴的时间处，执行【编辑】>【粘贴】命令即可。

4. 删除关键帧

选择需要删除的一个或多个关键帧，执行【编辑】>【清除】命令，或使用快捷键 Delete 删除即可。

4.5.5　设置关键帧插值

插值是在两个已知值之间填充未知数据的过程，可以为任意两个相邻的关键帧之间的属性自动计算数值。关键帧之间的插值可以用于对运动、效果、音频电平、图像调整、不透明度、颜色变化以及许多其他视觉元素和音频元素添加动画。

在【时间轴】面板中找到关键帧，单击鼠标右键，选择【关键帧插值】命令，在弹出的【关键帧插值】对话框中，可以进行插值的设置，如图 4-64 所示。

在【关键帧插值】对话框中，调节关键帧插值主要有 3 种方式。【临时插值】可以调整与时间相关的属性，影响属性随着时间变化的方式；【空间差值】用于影响路径的形状，只对【位置】属性有作用；【漂浮】主要用来控制关键帧是锁定到当前时间还是自动产生平滑效果。

图 4-64

【临时插值】与【空间插值】的插值选项大致相同，包括以下内容。

当前设置： 该选项为默认，表示维持关键帧当前的状态。

线性： 线性插值在关键帧之间创建统一的变化率，表现为线性的匀速变化，这种方法让动画看起来具有机械效果。

贝塞尔曲线： 曲线插值可实现精确的控制，可以手动调整关键帧任意一侧的值图表或运动路径段的形状。在绘制复杂形状的运动路径时，用户可以在值图表和运动路径中单独操控贝塞尔曲线关键帧上的两个方向手柄。

连续贝塞尔曲线： 连续曲线插值通过关键帧创建平滑的变化速率，用户可以手动设置连续贝塞尔曲线方向手柄的位置。

自动贝塞尔曲线： 自动曲线插值通过关键帧创建平滑的变化速率，将自动产生速度变化。

定格： 定格插值仅在作为时间插值方法时才可用。当希望图层突然出现或消失时，可以使用【定格】插值的方式，不会产生任何过渡效果。

练习4-1 加载动画

素材文件： 实例文件 / 第 04 章 / 练习 4-1

案例文件： 实例文件 / 第 04 章 / 练习 4-1/ 加载动画 .aep

教学视频： 多媒体教学 / 第 04 章 / 加载动画 .mp4

技术要点： 复制图层和关键帧基础操作

操作步骤：

STEP 1 打开配套资源中的"实例文件 / 第 04 章 / 练习 4-1/ 加载动画 .aep"文件，如图 4-65 所示。

STEP 2 选择"点"图层，执行【编辑】>【重复】命令，选择"点 2"图层，将【位置】设置为 (680,360)，如图 4-66 所示。

图 4-65

图 4-66

STEP 3 选择"点 2"图层，执行【编辑】>【重复】命令，选择"点 3"图层，将【位置】设置为 (720,360)，如图 4-67 所示。

STEP 4 选择"旋转"图层，将【当前时间指示器】移动至 0:00:00:00 位置，激活【旋转】属性的【时间变化秒表】按钮；将【当前时间指示器】移动至 0:00:01:20 位置，将【旋转】设置为 1×+0.0°，如图 4-68 所示。

图 4-67

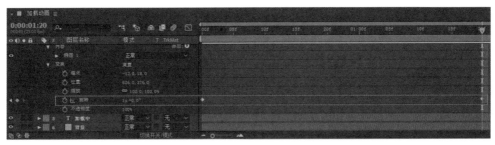

图 4-68

STEP 5 选择"旋转"图层，执行【编辑】>【重复】命令 5 次，复制图层，如图 4-69 所示。

STEP 6 选择"旋转"图层，按住 Shift 键单击"旋转 6"图层，执行【动画】>【关键帧辅助】>【序列图层】命令，在【序列图层】窗口中勾选【重叠】复选框，将【持续时间】设置为 0:00:03:20，单击【确定】按钮，如图 4-70 所示。

STEP 7 按小键盘上的数字键 0，预览动画效果，使用快捷键 Ctrl+M 将合成添加至渲染队列并输出，如图 4-71 所示。

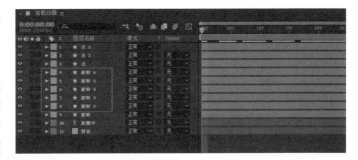

图 4-69

图 4-70

练习4-2 屏幕动画

素材文件: 实例文件 / 第 04 章 / 练习 4-2

案例文件: 实例文件 / 第 04 章 / 练习 4-2/ 屏幕动画 .aep

教学视频: 多媒体教学 / 第 04 章 / 屏幕动画 .mp4

技术要点: 关键帧基础操作

图 4-71

操作步骤：

STEP 1 ▶ 双击【项目】面板，导入"屏幕动画 .psd"文件，将【导入种类】设置为【合成 – 保持图层大小】，如图 4-72 所示。

STEP 2 ▶ 双击【项目】面板中的"屏幕动画"合成，执行【合成】>【合成设置】命令，将【持续时间】设置为 0:00:04:00，如图 4-73 所示。

图 4-72

图 4-73

STEP 3 ▶ 选择"黑屏"图层，将【当前时间指示器】移动至 0:00:00:03 位置，激活【不透明度】属性的【时间变化秒表】按钮；将【当前时间指示器】移动至 0:00:00:13 位置，将【不透明度】设置为 0%，如图 4-74 所示。

图 4-74

STEP 4 ▶ 选择"照片"图层，将【当前时间指示器】移动至 0:00:01:07 位置，激活【缩放】和【不透明度】属性的【时间变化秒表】按钮，如图 4-75 所示。

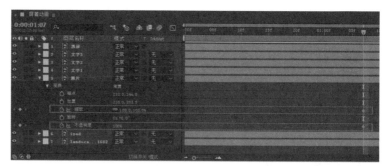

图 4-75

STEP 5 ▶ 选择"照片"图层，将【当前时间指示器】移动至 0:00:01:02 位置，将【缩放】设置为 (0,0%)，【不透明度】设置为 0%，如图 4-76 所示。

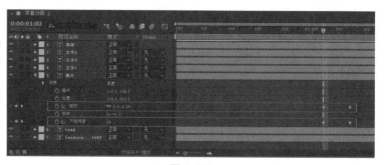

图 4-76

STEP 6 选择"文字 1"图层,将【当前时间指示器】移动至 0:00:02:00 位置,激活【位置】和【不透明度】属性的【时间变化秒表】按钮; 将【当前时间指示器】移动至 0:00:01:18 位置,将【位置】设置为 (470.5,220.5),【不透明度】设置为 0%,如图 4-77 所示。

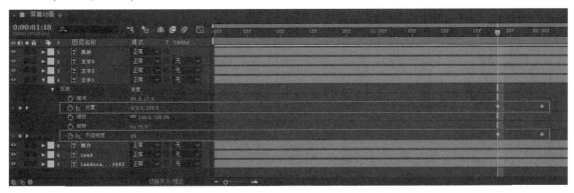

图 4-77

STEP 7 选择"文字 2"图层,将【当前时间指示器】移动至 0:00:02:20 位置,激活【缩放】和【不透明度】属性的【时间变化秒表】按钮; 将【当前时间指示器】移动至 0:00:02:09 位置,将【缩放】设置为 (0,0%),【不透明度】设置为 0%,如图 4-78 所示。

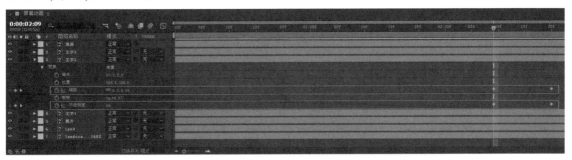

图 4-78

STEP 8 选择"文字 2"图层中的【缩放】和【不透明度】属性上的所有关键帧,执行【编辑】>【复制】命令,将【当前时间指示器】移动至 0:00:02:22 位置,选择"文字 3"图层,执行【编辑】>【粘贴】命令,如图 4-79 所示。

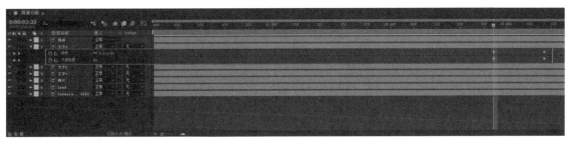

图 4-79

STEP 9 按小键盘上的数字键 0,预览动画效果,使用快捷键 Ctrl+M 将合成添加至渲染队列并输出,如图 4-80 所示。

图 4-80

| 4.6 综合实战：体育栏目开头动画 🔍 ➡️

素材文件： 实例文件 / 第 04 章 / 综合实战 / 体育栏目开头动画

案例文件： 实例文件 / 第 04 章 / 综合实战 / 体育栏目开头动画 / 体育栏目开头动画 .aep

教学视频： 多媒体教学 / 第 04 章 / 体育栏目开头动画 .mp4

技术要点： 关键帧动画综合案例

在本练习中，将使用添加图层关键帧的方法制作相对复杂的动画效果，如图 4-81 所示。

操作步骤：

STEP 1 双击【项目】面板，导入
"标题 .psd"文件，将【导入种类】
设置为【合成 - 保持图层大小】，
如图 4-82 所示。

STEP 2 双击【项目】面板中的
"标题"合成，执行【合成】>【合
成设置】命令，将【持续时间】设
置为 0:00:05:00，如图 4-83 所示。

图 4-81

图 4-82

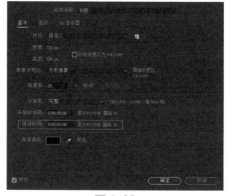

图 4-83

STEP 3 双击【项目】面板，导入"鼠标 .tga"文件，在弹出的【解释素材】对话框中，选择【直接 - 无遮罩】选项。如图 4-84 所示。

STEP 4 将"鼠标 .tga"素材拖曳至"标题"合成中，选择"鼠标 .tga"图层，将【缩放】设置为(23,23%)，如图 4-85 所示。

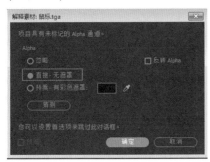

图 4-84

图 4-85

STEP 5 选择"太阳"图层，按住 Shift 键单击"掘金"图层，将"太阳"图层至"掘金"图层全部选择，使用快捷键 P 展开所有图层的【位置】属性参数。将【当前时间指示器】移动至 0:00:01:00 位置，激活【位置】属性的【时间变化秒表】按钮，如图 4-86 所示。

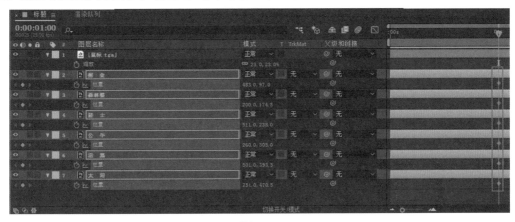

图 4-86

STEP 6 将【当前时间指示器】移动至 0:00:00:00 位置，将"太阳"图层至"掘金"图层全部选择，按住鼠标左键拖曳至【合成】面板左侧，如图 4-87 所示。

STEP 7 执行【动画】>【关键帧辅助】>【序列图层】命令，在弹出的【序列图层】对话框中，勾选【重叠】复选框，设置【持续时间】为 0:00:04:22，如图 4-88 所示。

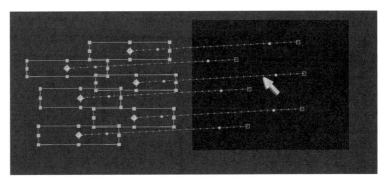

图 4-87

> ### 提 示
>
> 要将【持续时间】的时长设置在合成的总时长之内，在本案例中，合成的总时长为 0:00:05:00。

STEP 8 双击【项目】面板，导入"圆圈.psd"文件，在弹出的对话框中将【导入种类】设置为【素材】，在【选择图层】中选择【图层1】，如图4-89所示。

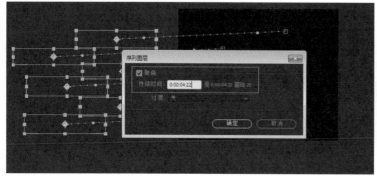

图4-88　　　　　　　　　　　　　　　　　　图4-89

STEP 9 将【当前时间指示器】移动至 0:00:01:16 位置，选择"鼠标.tga"图层，将【位置】设置为 (438,346)，激活【位置】属性的【时间变化秒表】按钮，如图4-90所示。

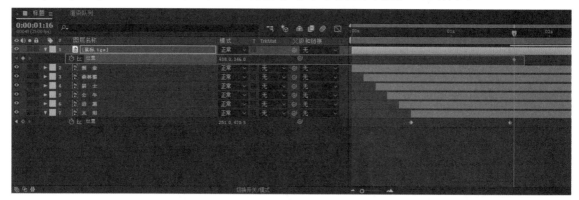

图4-90

STEP 10 将"圆圈.psd"文件拖曳至"标题"合成中，将【当前时间指示器】移动至 0:00:01:16 位置，设置【位置】为 (420,338)，【缩放】为 (0,0%)，激活【缩放】属性的【时间变化秒表】按钮，如图4-91所示。

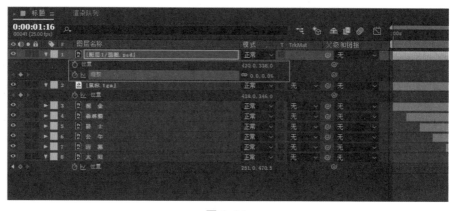

图4-91

STEP 11 将【当前时间指示器】移动至 0:00:01:11 位置，将"鼠标.tga"图层移动至【合成】面板的右侧，如图 4-92 所示。

STEP 12 将【当前时间指示器】移动至 0:00:01:20 位置，选择"圆圈 .psd"图层，激活【不透明度】属性的【时间变化秒表】按钮，如图 4-93 所示。

STEP 13 将【当前时间指示器】移动至 0:00:02:01 位置，选择"圆圈 .psd"图层，将【缩放】设置为 (500,500%)，【不透明度】设置为 0%，如图 4-94 所示。

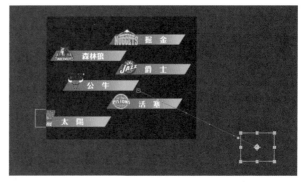

图 4-92

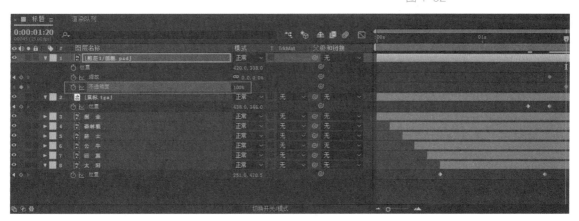

图 4-93

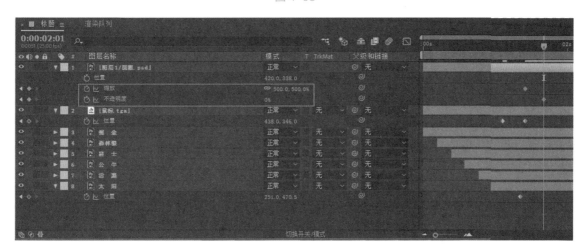

图 4-94

STEP 14 双击【项目】面板，导入"画面 .psd"文件，将【导入种类】设置为【合成 – 保持图层大小】，如图 4-95 所示。

STEP 15 双击【项目】面板中的"画面"合成，进入合成的编辑面板，如图 4-96 所示。

STEP 16 将【当前时间指示器】移动至 0:00:00:10 位置，选择"画面"图层，激活【位置】属性的【时间变化秒表】按钮，将【当前时间指示器】移动至 0:00:00:00 位置，设置【位置】为 (360,789)，如图 4-97 所示。

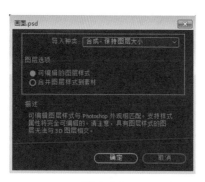

图 4-95

图 4-96

STEP 17 将【当前时间指示器】移动至 0:00:00:21 位置，选择"图标"图层，激活【位置】和【缩放】属性的【时间变化秒表】按钮；将【当前时间指示器】移动至 0:00:00:17 位置，将【位置】设置为 (850,483.5),【缩放】设置为 (24,24%)，如图 4-98 所示。

STEP 18 将【当前时间指示器】移动至 0:00:01:10 位置，选择"光"图层，激活【位置】属性的【时间变化秒表】按钮；将【当前时间指示器】移动至 0:00:01:07 位置，设置【位置】为 (773,163.5)，如图 4-99 所示

STEP 19 执行【合成】>【新建合成】命令，在【合成设置】面板中将合成大小设置为 (720×576)，设置【合成名称】为"总合成",【持续时间】为 0:00:05:00,如图 4-100 所示。

STEP 20 将"画面"合成和"标题"合成拖曳至"总合成"中，如图 4-101 所示。

图 4-97

图 4-98

图 4-99

STEP 21 将【当前时间指示器】移动至 0:00:01:22 位置，选择"画面"合成，将合成入点时间设置为 0:00:01:22，如图 4-102 所示。

图 4-100

图 4-101

图 4-102

STEP 22 将【当前时间指示器】移动至 0:00:01:22 位置，选择"标题"图层，激活【不透明度】属性的【时间变化秒表】按钮；将【当前时间指示器】移动至 0:00:02:00 位置，将【不透明度】设置为 0%，如图 4-103 所示。

图 4-103

STEP 23 双击【项目】面板，导入"背景 .jpg"素材，并将文件拖曳至"总合成"图层的底部，如图 4-104 所示。

至此，本案例制作完成，我们可以单击【播放】按钮，观察动画效果。

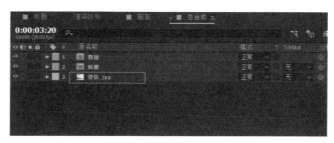

图 4-104

第 5 章

文本动画

在 After Effects 中，文本不仅可以作为信息传达的媒介，还可以作为画面中的一种元素。在 After Effects 中，用户可以通过文本工具创建各种类型的文本动画效果，通过设置文本属性优化文本效果。本章将详细地介绍创建文本、编辑文本、文本动画、文本效果等基础知识和操作。

5.1 创建文本

文本和图片是构成视频图像的两大要素，根据文本的不同用途，用户需要对文本进行艺术处理和加工，文本设计的质量直接影响视觉的整体效果，如图 5-1 所示。

5.1.1 创建点文本

点文本适用于输入单个词或一行字符，可以通过以下方式创建。

1. 使用文字工具创建文本

在工具栏中使用鼠标左键长按【文字工具】

图 5-1

按钮■，在弹出的下拉列表中包括【横排文字工具】和【直排文字工具】，如图 5-2 所示。

　　■ T　横排文字工具　Ctrl+T
　　↓T　直排文字工具　Ctrl+T

图 5-2

在【合成】面板中单击，确定文本输入的位置，当出现文字光标后，即可输入文本，如图 5-3 所示。

在【时间轴】面板中会出现新的文本图层。文本图层的名称也随着输入文本的内容而发生改变，如图 5-4 所示。

图 5-3

图 5-4

2. 使用文本命令创建文本

执行【图层】>【新建】>【文本】
命令，或使用快捷键 Ctrl+Alt+Shift+T
创建文本图层，此时，文本光标将出现
在【合成】面板的中心位置，在【时间
轴】面板中将出现文本图层，用户可以
直接输入文本，如图 5-5 所示。

3. 双击文字工具创建文本

图 5-5

在工具栏中双击【文字工具】，会在【合成】面板的中心位置出现文字光标，直接输入文本即可。

4. 在时间轴面板创建文本

在【时间轴】面板中的空白
区域单击鼠标右键，在弹出的菜
单中选择【新建】>【文本】命
令来新建文本图层，此时，文字
光标将出现在【合成】面板的中
心位置，直接输入文本即可，如
图 5-6 所示。

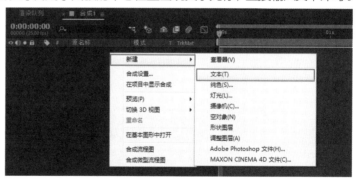

图 5-6

5.1.2 创建段落文本

在 After Effects 中，文本分为点文本和段落文本两种，使用点文本输入的文本长度会随着字
符的增加而变长，不会自动变行；段落文本是把文本的显示范围控制在一定的区域内，文本基于边
界的位置而自动换行，可以通过调整边界的大小来控制文本的显示位置。

创建段落文本的方法与创建点文本不同，用户需要在工具栏中选择【文字工具】，在【合成】
面板中按住鼠标左键拖曳创建矩形选框，在选框内输入文本即可，如图 5-7 所示。

> **提 示**
>
> 选择【文字工具】，按住 Alt 键进行拖曳，可以以点击位置为中心拉出定界框。

当用户需要在点文本和段落文本之间进行转换时，可以在【时间轴】面板中选择文本图层，在工具栏中选择【文字工具】，在【合成】面板中单击鼠标右键，在弹出的菜单中选择【转换为点文本】或【转换为段落文本】命令，如图5-8所示。

图 5-7　　　　　　　　　　　　　　　　　　　图 5-8

5.1.3　将来自 Photoshop 的文本转换为可编辑文本

用户可以使来自 Photoshop 的文本图层保持其样式并且在 After Effects 中仍然是可编辑的。

练习5-1　转换Photoshop中的文本图层

　　素材文件： 实例文件 / 第 05 章 / 练习 5-1
　　案例文件： 实例文件 / 第 05 章 / 练习 5-1/ 转换文本 .aep
　　教学视频： 多媒体教学 / 第 05 章 / 转换文本 .mp4
　　技术要点： 转换文本
　　操作步骤：

STEP 1 双击【项目】面板，导入"文本转换 .psd"文件，将【导入种类】设置为【合成】，如图 5-9 所示。

STEP 2 双击"文本转换"合成，进入合成编辑面板，如图 5-10 所示。

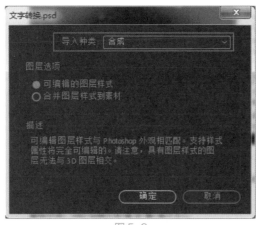

图 5-9　　　　　　　　　　　　　　　　　　　图 5-10

STEP 3 在【时间轴】面板中选择"文字"图层，执行【图层】>【创建】>【转换为可编辑文字】命令完成转换，如图 5-11 所示。

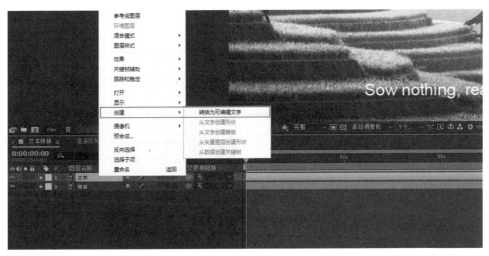

图 5-11

> **提 示**
>
> 当转换为可编辑文本后，图层的图标将转变为文本图层的图标样式。普通的图层不可以使用该项命令，如图 5-12 所示。

图 5-12

5.2 编辑和调整文本

用户可以随时调整文本图层中文本的大小、位置、颜色、内容、方向等属性。

5.2.1 修改文本内容

在工具栏中选择【文字工具】，在【合成】面板中单击需要修改的文本，按住鼠标左键拖曳选择需要修改的文本范围，输入新文本即可完成修改内容的操作。需要注意的是，只有当【文字工具】的指针位于文本图层上方时，才显示为一个编辑文本的指针，如图 5-13 所示。

图 5-13

> **提 示**
>
> 用户也可以在【时间轴】面板中双击文本图层，此时文本图层为全部选择状态，用户可以直接输入文本完成内容的全部替换，如图 5-14 所示。

图 5-14

91

5.2.2 更改文本方向

文本的方向是由输入文本时所选择的【文本工具】来决定的。当选择【横排文本工具】输入文本时，文本从左到右排列，多行横排文本从上往下排列；当选择【直排文本工具】输入文本时，文本从上到下排列，多行直排文本从右往左排列。

如果用户需要更改文本的方向，可以在【时间轴】面板中选择需要修改方向的文本图层，使用【文字工具】,在【合成】面板中单击鼠标右键，在弹出的菜单中选择【水平】或【垂直】命令，如图 5-15 所示。

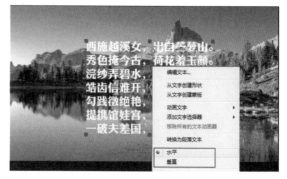

图 5-15

5.2.3 调整段落文本边界大小

在【时间轴】面板中双击文本图层，激活文本的编辑状态，在【合成】面板中将鼠标指针移动至文本边界位置四周的控制点上，当鼠标指针变为双向箭头时，按住鼠标左键进行拖曳。拖曳的同时文本的大小不变，但会改变文本的排版。

> **提 示**
>
> 按住 Shift 键进行拖曳，可保持边界的比例不变。

5.2.4 字符面板和段落面板

After Effect 有两个关于文本设置的属性面板。用户可以通过【字符】面板，修改文本的字体、颜色、行间距等属性，同时还可以通过【段落】面板，设置文本的对齐方式、缩进等。

1. 字符面板

用户可以执行【窗口】>【字符】命令，显示【字符】面板。如果选择了需要编辑的文本图层，在【字符】面板中的设置将仅影响选定的文本。如果没有选择任何文本图层，在【字符】面板中的设置将成为下一个创建的文本图层的默认参数。【字符】面板主要包括以下选项,如图 5-16 所示。

图 5-16

设置字体系列: 用于设置文本的字体。

设置字体样式: 用于设置字体的样式。

吸管工具: 单击吸管工具可以吸取当前界面上的任意颜色，用于填充颜色或描边颜色的指定。

填充 / 描边颜色: 单击色块，在弹出的【文本颜色】对话框中，可以设置文本或描边的颜色。

设置为黑色 / 白色: 单击色块，可以快速地将文本或描边颜色设置为纯黑或纯白色。

没有填充色: 单击此按钮，将不对文本或描边产生填充效果。

设置字体大小 ⫶T 48 像素: 用于设置字体的大小，数值越大，字体越大。

设置行距: 用于设置上下文本之间的行间距。

字偶间距▐▲：可以使用度量标准字偶间距或视觉字偶间距来自动微调文本的间距。

字符间距▐▲：用于设置字符之间的距离，数值越大，字符间距越大。

描边宽度▐：用于设置文本的描边宽度，数值越大，描边越宽。

描边方式▼ 在描边上填充 ∨：用于设置文本的描边方式，包括【在描边上填充】【在填充上描边】【全部填充在全部描边之上】【全部描边在全部填充之上】4 个选项。

垂直缩放▐T▐：用于设置文本垂直缩放的比例。

水平缩放▐T▐：用于设置文本水平缩放的比例。

设置基线偏移▐A▐：正值将横排文本移到基线上面、将直排文本移到基线右侧；负值将文本移到基线下面或左侧。

设置比例间距▐：用于指定文本的比例间距，比例间距将字符周围的空间缩减指定的百分比值。字符本身不会被拉伸或挤压。

仿粗体▐T▐：设置文本为粗体。

仿斜体▐T▐：设置文本为斜体。

全部大写字母▐TT▐：将选中的字母全部转换为大写。

小型大写字母▐Tr▐：将所有的文本都转换为大写，但对于小写的字母使用较小的尺寸进行显示。

上标▐T▐：将选中的文本转换为上标。

下标▐T▐：将选中的文本转换为下标。

连字：勾选该复选框，支持字体连字。

印地语数字：勾选该复选框，支持印地语数字。

2. 段落面板

【段落】面板用来设置文本的对齐方式、缩进方式等。【段落】面板主要包括以下选项，如图 5-17 所示

图 5-17

左对齐文本▐：将文本左对齐。

居中对齐文本▐：将文本居中对齐。

右对齐文本▐：将文本右对齐。

最后一行左对齐▐：将段落中的最后一行左对齐。

最后一行居中对齐▐：将段落中的最后一行居中对齐。

最后一行右对齐▐：将段落中的最后一行右对齐。

两端对齐▐：将文本两端分散对齐。

缩进左边距▐：从段落左侧开始缩进文本。

段前添加空格▐：在段落前添加空格，用于设置段落前的间距。

首行缩进▐：缩进首行文本。

缩进右边距▐：从段落右侧开始缩进文本。

段后添加空格▐：在段落后添加空格，用于设置段落后的间距。

从左到右的文本方向▐：文本方向从左到右。

从右到左的文本方向▐：文本方向从右到左。

> **提 示**
>
> 当文本排版为竖排时，【段落】面板的参数也会相应改变为竖排文本段落的参数。

练习5-2　修改文本的属性

素材文件： 实例文件 / 第 05 章 / 练习 5-2

案例文件： 实例文件 / 第 05 章 / 练习 5-2/ 修改文本属性 .aep

教学视频： 多媒体教学 / 第 05 章 / 修改文本属性 .mp4

技术要点： 修改文本的属性

操作步骤：

STEP 1 打开项目"修改文本属性 .aep"，如图 5-18 所示。

STEP 2 使用【文字工具】在文本上单击鼠标右键，在弹出的菜单中选择【水平】命令，修改【位置】为 (318,322)，如图 5-19 所示。

图 5-18　　　　　　　　　　　　　　　　图 5-19

STEP 3 双击文本图层，在【字体】窗口中选择合适的字体（本练习中使用的是华文隶书，用户可以根据个人需求自由选择），如图 5-20 所示。

STEP 4 双击文本图层，将【字体大小】设置为 96，如图 5-21 所示。

图 5-20　　　　　　　　　　　　　　　　图 5-21

STEP 5 在【时间轴】面板中单击鼠标右键，在弹出的菜单中选择【新建】>【纯色】命令，设置纯色图层颜色为黑色，将纯色图层调整到文本图层下方，使用【椭圆工具】绘制一个蒙版，如图 5-22 所示。

STEP 6 勾选"蒙版 1"中的【反转】复选框，设置【蒙版羽化】为 (162,162)，【蒙版不透明度】为 27%，如图 5-23 所示。

图 5-22   图 5-23

5.3 文本层动画制作

After Effects 中的文本图层与其他图层一样，不仅可以利用图层本身的【变换】属性组制作动画效果，同时可以利用特有的文本动画控制器制作丰富多彩的文本动画效果。

5.3.1 源文本动画

在【时间轴】面板中选择文本图层，展开【文本】选项组，通过选择【源文本】选项，可以制作源文本动画。通过【源文本】选项，用户可以再次编辑文本的内容、字体、大小、颜色等属性，并将这些变换记录下来，形成动画效果。

练习5-3 源文本动画

素材文件： 实例文件 / 第 05 章 / 练习 5-3

案例文件： 实例文件 / 第 05 章 / 练习 5-3/ 源文本动画 .aep

教学视频： 多媒体教学 / 第 05 章 / 源文本动画 .mp4

技术要点： 源文本的使用

操作步骤：

STEP 1 打开项目"源文本动画 .aep"，如图 5-24 所示。

STEP 2 执行【图层】>【新建】>【文本】命令，在【时间轴】面板中创建文本图层，输入文本"暮云春树"，如图 5-25 所示。

图 5-24   图 5-25

STEP 3 双击文本图层，设置文本图层的【位置】为 (629,709)，【颜色】为 (R:255,G:255,B:255)，

【字体大小】为 92，字体根据用户需求自由选择，如图 5-26 所示。

STEP 4 在【时间轴】面板中选择"暮云春树"图层，展开【文本】选项组，激活【源文本】属性的【时间变化秒表】按钮，创建关键帧，如图 5-27 所示。

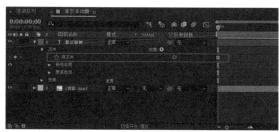

图 5-26　　　　　　　　　　　　　　　　　图 5-27

STEP 5 使用【文字工具】选择"暮"文本，将【当前时间指示器】移动至 0:00:01:00 位置，设置【字体大小】为 136，如图 5-28 所示。

STEP 6 使用【文字工具】选择"云"文本，将【当前时间指示器】移动至 0:00:02:00 位置，设置【字体大小】为 136，如图 5-29 所示。

图5-28　　　　　　　　　　　　　　　　　图5-29

STEP 7 使用相同的方法完成"春树"文本的制作，如图 5-30 所示。

> **提 示**
>
> 　　使用【源文本】方式制作动画，可以模拟文本突变效果，如倒计时动画等，但不会产生过渡效果。

5.3.2　路径动画

　　在【时间轴】面板中选择文本图层，展开【路径选项】选项组，通过选择【路径】选项，可以制作路径动画。

图 5-30

当文本图层中只有文本时，【路径】选项显示为【无】，只有为文本图层添加蒙版后，才可以指定当前蒙版作为文本的路径来使用，如图 5-31 所示。

图 5-31

反转路径： 用于设置路径上文本的反转效果。当激活【反转路径】属性后，所有文本将反转。

垂直于路径： 用于设置文本是否垂直于路径。

强制对齐： 将第一个字符和路径的起点对齐，将最后一个字符和路径的结束点对齐。中间的字符均匀地排列在路径中。

首字边距： 用于设置第一个字符相对于路径起点的位置。

末字边距： 用于设置最后一个字符相对于路径结束点的位置，只有当【强制对齐】属性被激活时才有作用。

练习5-4 **路径动画**

素材文件： 实例文件 / 第 05 章 / 练习 5-4

案例文件： 实例文件 / 第 05 章 / 练习 5-4/ 路径动画 .aep

教学视频： 多媒体教学 / 第 05 章 / 路径动画 .mp4

技术要点： 路径动画的使用

操作步骤：

STEP 1 打开项目"路径动画 .aep"，如图 5-32 所示。

STEP 2 执行【图层】>【新建】>【文本】命令，在【时间轴】面板中创建文本图层，并输入文本"HERO"，设置【填充颜色】为 (R:255,G:255,B:255),【字体大小】为 118，如图 5-33 所示。

图 5-32

图 5-33

STEP 3 选择"HERO"文本图层，使用【钢笔工具】绘制一条路径，如图 5-34 所示。

STEP 4 将【当前时间指示器】移动至 0:00:03:00 位置，选择文本图层，将【路径】指定为"蒙版 1"，激活【首字边距】和【末字边距】属性的【时间变化秒表】按钮，激活【强制对齐】属性，设置【末字边距】为 -1142，如图 5-35 所示。

图 5-34

图 5-35

STEP 5 将【当前时间指示器】移动至 0:00:02:00 位置，将【首字边距】设置为 1337,【末字边距】设置为 164，如图 5-36 所示。

图 5-36

5.3.3 动画控制器

在 After Effects 中，可以通过动画控制器，为文本快速地制作出复杂的动画效果。用户可以通过执行【动画】>【动画文本】命令，或在【时间轴】面板中选择文本图层，单击【动画】按钮 动画: ，在弹出的菜单中选择相应的属性添加动画效果，如图 5-37 所示。当为文本层添加动画效果后，每个动画效果都会生成一个新的属性组，在属性组中可以包含一个或多个动画效果。

在动画控制器中，主要包括以下选项。

启用逐字 3D 化： 执行【启用逐字 3D 化】命令，文本图层将转换为三维图层。具体内容见第 7 章。

锚点： 用于设置文本的锚点动画。

位置： 用于设置文本的位移动画。

缩放： 用于设置文本的缩放动画。

倾斜： 用于设置文本的倾斜度动画，数值越大，倾斜效果越明显。

旋转： 用于设置文本的旋转动画。

不透明度： 用于设置文本的不透明度动画。

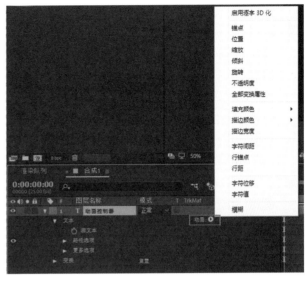

图 5-37

全部变换属性： 用于将所有的变换属性全部添加到动画控制器中。

填充颜色： 用于设置文本的填充颜色变化动画，包括【RGB】【色相】【饱和度】【亮度】和【不透明度】5 个选项。

描边颜色： 用于设置描边的颜色变化动画，包括【RGB】【色相】【饱和度】【亮度】和【不透明度】5 个选项。

描边宽度： 用于设置描边的宽度动画。

字符间距： 用于设置字符间距类型和字符间距大小动画。

行锚点： 用于设置每行文本中的跟踪对齐方式。

行距： 用于设置多行文本的行距变化动画。

字符位移： 用于设置字符的偏移量动画，按照统一的字符编码标准为选择的字符进行偏移处理。

字符值： 用于设置新的字符，按照字符编码标准将字符统一替换。

模糊： 用于制作文本的模糊动画效果，可分别设置水平和垂直方向上的模糊效果。

1. 范围选择器

当用户为文本图层添加动画效果后，每个动画效果中都包含一个范围选择器，用户可以分别添加多个动画效果，这样每个动画效果都包含一个独立的范围选择器，也可以在一个范围选择器中添加多个动画效果，如图 5-38 所示。

图 5-38

提 示

可以将范围选择器添加到动画器组中，也可以从组中删除范围选择器，如果删除动画器组中的所有范围选择器，动画器属性的值将适用于所有的文本。

范围选择器可以指定动画控制器的影响范围，在基础范围选择器中，通过【起始】【结束】【偏移】选项，控制选择器影响的范围。

起始： 用于设置选择器的有效起始位置。

结束： 用于设置选择器的有效结束位置。

偏移： 用于设置选择器的整体偏移量。

在高级范围选择器中，主要包括以下选项。

单位： 用于设置选择器的单位，分为【百分比】和【索引】两种类型。

依据： 用于设置选择器的依据模式，分为【字符】【不包含空格的字符】【词】【行】4 种模式。

模式： 用于设置多个选择器的混合模式，包括【相加】【相减】【相交】【最小值】【最大值】【差值】6 种模式。

数量： 用于设置动画效果控制文本的程度，默认为 100%，0% 表示动画效果不产生任何作用。

形状： 用于设置选择器有效范围内文本排列的过渡方式，包括【正方形】【上斜坡】【下斜坡】【三角形】【圆形】和【平滑】6 种方式。

平滑度： 用于设置产生平滑过渡的效果，只有在【形状】类型设置为【矩形】时，该选项才存在。

缓和高： 在【缓和高】为 100% 时，当字符从完全选定变为部分选定时，是以一种更为循序渐进的方式变化。在【缓和高】为 –100% 时，当字符从完全选定变为部分选定时，则迅速变化。

缓和低： 当【缓和低】为 100% 时，当字符从部分选定变为未选定时，是以一种更为循序渐进的方式变化。在【缓和低】为 –100% 时，当字符从部分选定变为未选定时，则迅速变化。

随机顺序： 用于设置有效范围添加在其他区域的随机性。

※ 技术专题　选择器的基本操作

(1) 在【时间轴】面板中选择动画器组，单击【添加】选项后的按钮 添加：⊙ ，选择【选择器】子菜单中的【范围】【摆动】或【表达式】命令。

(2) 在【合成】面板中选择文本图层，在文本上单击鼠标右键，在弹出的菜单中选择【添加文字选择器】命令，在子菜单中选择【范围】【摆动】或【表达式】命令，如图 5-39 所示。

(3) 要删除选择器，可以直接在【时间轴】面板中选择并删除。

(4) 要对选择器进行重新的排序，可以直接选中选择器，将其拖曳至合适的位置即可。

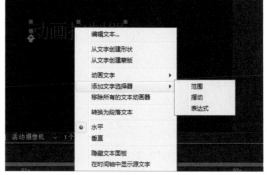

图 5-39

练习5-5　范围选择器动画

素材文件： 实例文件 / 第 05 章 / 练习 5-5/

案例文件： 实例文件 / 第 05 章 / 练习 5-5/ 范围选择器动画 .aep

教学视频： 多媒体教学 / 第 05 章 / 范围选择器动画 .mp4

技术要点： 范围选择器的使用

操作步骤：

STEP 1 打开项目"范围选择器动画 .aep"，如图 5-40 所示。

STEP 2 执行【图层】>【新建】>【文本】命令，在【时间轴】面板中创建文本图层，并输入文本"adobe after effects"，设置【填充颜色】为 (R:0,G:67,B:109)，【字体大小】为 61，【字体】为 Arial Rounded MT Bold，【位置】为 (709,243)，如图 5-41 所示。

图 5-40

图 5-41

STEP 3 展开文本图层属性，单击【动画】选项后的按钮，在弹出的菜单中选择【缩放】命令，将【缩放】设置为 (200,200%)，单击【添加】选项后的按钮，在弹出的菜单中选择【属性】>【位置】命令和【属性】>【不透明度】命令，设置【位置】为 (1,113)，【不透明度】为 0%，如图 5-42 所示。

图 5-42

STEP 4 将【当前时间指示器】移动至 0:00:01:00 位置，激活【起始】属性的【时间变化秒表】按钮，如图 5-43 所示。

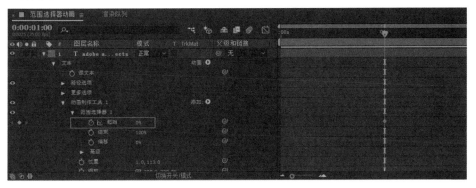
图 5-43

STEP 5 将【当前时间指示器】移动至 0:00:03:00 位置，将【起始】设置为 100%，如图 5-44 所示。

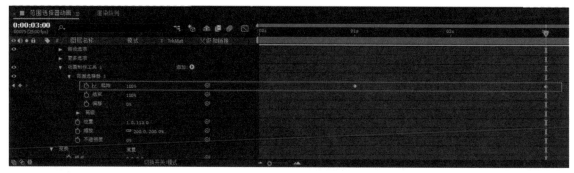

图 5-44

2. 摆动选择器

摆动选择器可以让选择器产生摇摆动画效果，包括以下选项，如图 5-45 所示。

模式： 用于设置多个选择器的混合模式，包括【相加】【相减】【相交】【最小值】【最大值】【差值】6 种模式。

图 5-45

最大量： 用于指定选择器的最大变化量。

最小量： 用于指定选择器的最小变化量。

依据： 用于设置摇摆选择器的依据模式，分为【字符】【不包含空格的字符】【词】【行】4 种模式。

摇摆 / 秒： 用于设置每秒产生的波动的数量。

关联： 用于设置文本之间的变化关联。当数值为 100% 时，所有文本同时按同样的幅度进行摆动；当数值为 0% 时，所有文本独立摆动，互不影响。

时间相位： 用于设置摆动的变化基于时间的相位大小

空间相位： 用于设置摆动的变化基于空间的相位大小

锁定维度： 用于将摆动维度的缩放比例保持一致。

随机植入： 用于设置摆动的随机变化。

3. 表达式选择器

表达式控制器可以分别控制每一个文本的属性，主要包括以下选项，如图 5-46 所示。

图 5-46

依据： 用于设置表达式选择器的依据模式，分为【字符】【不包含空格的字符】【词】【行】4 种模式。

数量： 用于设置表达式选择器的影响程度。默认情况下，数量属性以表达式 selectorValue*textIndex/textTotal 表示。

selectorValue： 返回前一个选择器的值。

textIndex：返回字符、词或行的索引。

textTota：返回字符、词或行的总数。

练习5-6 **表达式选择器动画**

素材文件： 实例文件 / 第 05 章 / 练习 5-6

案例文件： 实例文件 / 第 05 章 / 练习 5-6/ 表达式选择器动画 .aep

教学视频： 多媒体教学 / 第 05 章 / 表达式选择器动画 .mp4

技术要点： 表达式选择器的使用

操作步骤：

STEP 1 打开项目"表达式选择器动画 .aep"，如图 5-47 所示。

STEP 2 执行【图层】>【新建】>【文本】命令，在【时间轴】面板中创建文本图层，并输入文本"adobe after effects"，设置【填充颜色】为 (R:255,G:255,B:255)，【字体大小】为 138，【字体】为 Impact，【位置】为 (647,459)，如图 5-48 所示。

图 5-47

图 5-48

STEP 3 选择文本图层，在【时间轴】面板中单击鼠标右键，在弹出的菜单中选择【效果】>【生成】>【四色渐变】命令，如图 5-49 所示。

图 5-49

STEP 4 展开文本图层属性，单击【动画】选项后的按钮 ，在弹出的菜单中选择【不透明度】命令，将"范围选择器 1"删除，单击【添加】选项后的按钮 ，在弹出的菜单中选择【选择器】>【摆动】命令，添加"摆动选择器 1"，如图 5-50 所示。

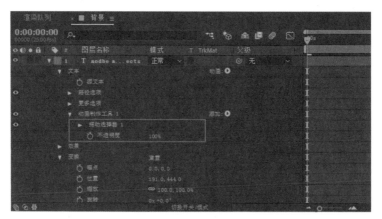

图 5-50

STEP 5 展开文本图层属性，单击【添加】选项后的按钮 ⊙，在弹出的菜单中选择【选择器】>【表达式】命令，添加"表达式选择器 1"，如图 5-51 所示。

图 5-51

STEP 6 展开"表达式选择器 1"中的【数量】属性，将默认表达式替换为如下内容。

```
r_val=selectorValue[0];
if(r_val < 50)r_val=0;
if(r_val > 50)r_val=100;
r_val
```

如图 5-52 所示。

图 5-52

STEP 7 将【不透明度】设置为 0%，如图 5-53 所示。

图 5-53

STEP 8 选择文本图层，执行【效果】>【风格化】>【发光】命令，在【效果控件】面板中，设置【发光阈值】为 53%，【发光半径】为 55，【发光强度】为 1.7，如图 5-54 所示。

图 5-54

5.3.4　文本动画预设

在 After Effects 中，系统预设了多种文本动画效果，用户可以通过直接添加动画预设快速地创建文本动画。在【效果和预设】面板中，展开【动画预设】选项，在【Text】的子选项中，提供了大量的动画预设效果，如图 5-55 所示。

为文本添加动画预设效果，需要选择指定的文本图层，将动画预设直接拖曳至被选择的文本图层上即可。

图 5-55

练习5-7　文本动画预设

素材文件: 实例文件 / 第 05 章 / 练习 5-7
案例文件: 实例文件 / 第 05 章 / 练习 5-7/ 文本动画预设 .aep

教学视频： 多媒体教学 / 第 05 章 / 文本动画预设 .mp4

技术要点： 预置文本动画的使用

操作步骤：

STEP 1 新建合成。执行【合成】>【新建合成】命令，在【合成设置】对话框中设定合成，将【合成名称】设置为"文本动画预设"，调整合成设置。将合成大小设置为 1280×720，设置【像素长宽比】为"方形像素"，【持续时间】为 0:00:05:00，如图 5-56 所示。

STEP 2 将【当前时间指示器】移动至 0:00:00:00 位置，执行【图层】>【新建】>【文本】命令，在【时间轴】面板中创建文本图层，输入文本"文本动画预设"，并调整文字的位置和大小，如图 5-57 所示。

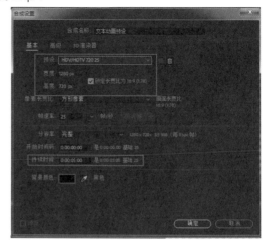

图 5-56

图 5-57

STEP 3 在文本预设动画组中，选择【3D Text】>【3D 从右侧振动退出】效果，双击即可添加，如图 5-58 所示。

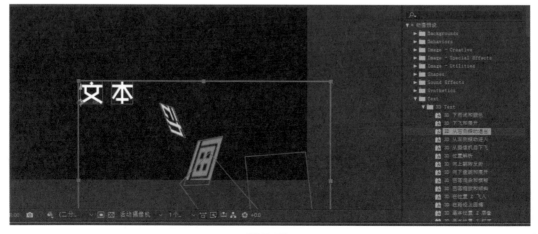

图 5-58

| 5.4 综合实战: 闪动文字   Q

素材文件: 实例文件 / 第 05 章 / 综合实战 / 闪动文字
案例文件: 实例文件 / 第 05 章 / 综合实战 / 闪动文字 / 闪动文字 .aep
教学视频: 多媒体教学 / 第 05 章 / 闪动文字 .mp4
技术要点: 文本图层的综合使用

本练习将为文本图层添加置换效果,利用图层混合模式,制作闪动文字,如图 5-59 所示。

操作步骤:

STEP 1 新建合成,在【合成设置】对话框中,将【合成名称】设置为"随机抖动",将合成大小设置为 1280×720,设置【持续时间】为 0:00:10:00,如图 5-60 所示。

图 5-59   图 5-60

STEP 2 在工具栏双击【矩形遮罩工具】,创建【填充颜色】为白色的"形状图层 1",如图 5-61 所示。

图 5-61

STEP 3 在【时间轴】面板中,设置"矩形路径 1"【大小】为 (1280,166),【位置】为 (0,-95),如图 5-62 所示。

STEP 4 选择"矩形路径 1",单击【添加】按钮,添加【摆动变换】属性,在"摆动变换 1"中,将【摇摆 / 秒】设置为 10,将【位置】设置为 (0,300),如图 5-63 所示。

图 5-62

图 5-63

STEP 5 在【时间轴】面板中，选择"形状图层 1"，执行【编辑】>【重复】命令，复制"形状图层 2"，如图 5-64 所示。

STEP 6 在"形状图层 2"中，将"矩形路径 1"中的【位置】设置为 (0,109)，【颜色】设置为 (R:200,G:200,B:200)，将"摇摆变换 1"中的【随机植入】设置为 1，如图 5-65 所示。

图 5-64

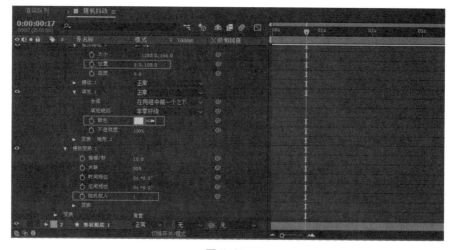

图 5-65

STEP 7 在【时间轴】面板中,选择"形状图层 2",执行【编辑】>【重复】命令,复制"形状图层 3"。在"形状图层 3"中,将"矩形路径 1"中的【位置】设置为 (0,0),【颜色】设置为 (R:80,G:80,B:80),将"摆动变换 1"中的【摇摆 / 秒】设置为 15,【比例】设置为 (80,80%),如图 5-66 所示。

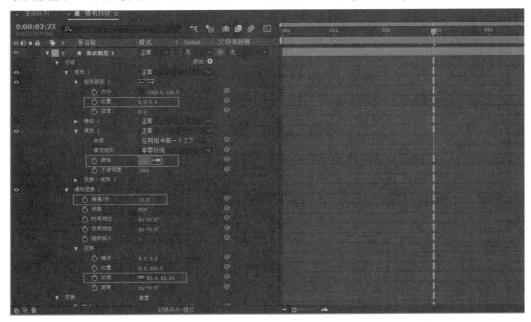

图 5-66

STEP 8 在【时间轴】面板中,选择"形状图层 3",执行【编辑】>【重复】命令,复制"形状图层 4",在"形状图层 4"中,将"矩形路径 1"中的【大小】设置为 (1000,300),【颜色】设置为黑色,将"摇摆变换 1"中的【摇摆 / 秒】设置为 20,【比例】设置为 (50,50%),如图 5-67 所示。

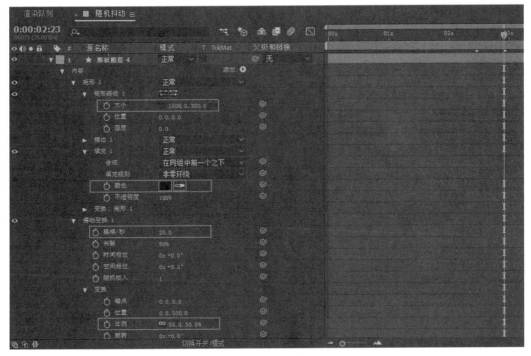

图 5-67

STEP 9 ▶ 新建合成，在【合成设置】面板中，设置【合成名称】为"闪动文字"，合成大小为 1280×720，【持续时间】为 0:00:10:00，如图 5-68 所示。

STEP 10 ▶ 双击【项目】面板，将"文字 .png"素材拖曳至"闪动文字"合成中，将"随机抖动"合成拖曳至"闪动文字"合成中，取消"随机抖动"图层的可见性，如图 5-69 所示。

STEP 11 ▶ 在【时间轴】面板中单击鼠标右键，在弹出的菜单中选择【新建】>【调整图层】命令，选择"调整图层 1"，执行【效果】>【扭曲】>【置换图】命令，在【效果控件】面板中，将【置换图层】设置为"随机抖动"图层，如图 5-70 所示。

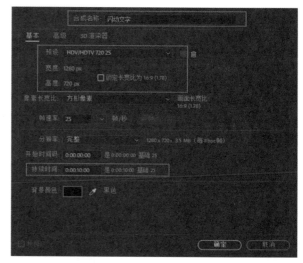

图 5-68

图 5-69

图 5-70

STEP 12 ▶ 在【效果控件】面板中，将【用于水平置换】和【用于垂直置换】设置为【明亮度】，设置【最大水平置换】为 30，【最大垂直置换】为 5，如图 5-71 所示。

STEP 13 ▶ 在【时间轴】面板中选择"文字 .png"图层并重命名为"文字红通道"，执行【效果】>【颜色校正】>【曲线】命令，在【效果控件】面板中，调整【蓝色】和【绿色】通道曲线形态，如图 5-72 所示。

图 5-71

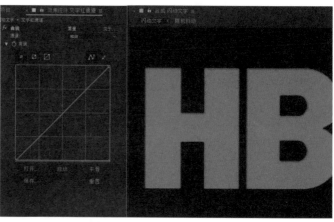

图 5-72

STEP 14 在【时间轴】面板中复制 "文字红通道" 图层并重命名为 "文字绿通道", 在【效果控件】面板中,调整【绿色】和【红色】通道曲线形态, 如图 5-73 所示。

图 5-73

STEP 15 在【时间轴】面板中复制 "文字绿通道" 图层并重命名为 "文字蓝通道", 在【效果控件】面板中,调整【绿色】和【蓝色】通道曲线形态, 如图 5-74 所示。

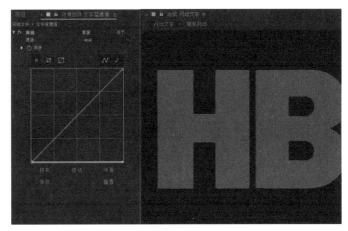

图 5-74

STEP 16 在【时间轴】面板中选择 "文字蓝通道""文字绿通道""文字红通道" 图层, 将混合模式设置为【屏幕】, 如图 5-75 所示。

图 5-75

STEP 17 在【时间轴】面板中选择 "调整图层 1" 并修改其持续时间, 将【持续时间】设置为 0:00:00:20, 如图 5-76 所示。

图 5-76

STEP 18 在【时间轴】面板中选择"调整图层 1"并执行【编辑】>【重复】命令 5 次,在【时间轴】面板中分布调节层的入点位置，如图 5-77 所示。

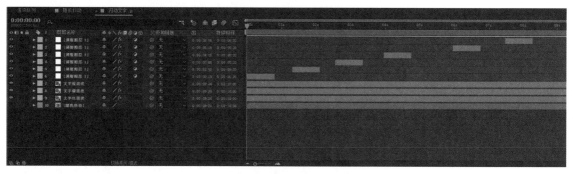

图 5-77

STEP 19 在【时间轴】面板中单击鼠标右键，在弹出的菜单中选择【新建】>【空对象】命令，并重命名为"位置控制"。单击鼠标右键，在弹出的菜单中选择【效果】>【表达式控制】>【滑块控制】命令，为图层添加表达式控制效果，如图 5-78 所示。

图 5-78

STEP 20 选择"文字红通道"图层，展开图层变换属性，在【位置】属性中，按住 Alt 键单击【位置】属性左侧的【时间变化秒表】按钮，输入表达式"wiggle(14,30)"，如图 5-79 所示。

图 5-79

STEP 21 选择"文字红通道"图层，展开图层变换属性，在【位置】属性中，激活表达式输入框，选中 wiggle 控制中的"30"数值，将抖动的最大数值链接到"位置控制"图层中【滑块控制】效果中的【滑块】选项，如图 5-80 所示。

STEP 22 将【当前时间指示器】移动至 0:00:00:11 位置，在【效果控件】面板中，激活【滑块控制】效果中的【滑块】属性的【时间变化秒表】按钮，将【滑块】设置为 0；将【当前时间指示器】移动至 0:00:01:12 位置，将【滑块】设置为 9；将【当前时间指示器】移动至 0:00:03:08 位置，将【滑块】设置为 30；将【当前时间指示器】移动至 0:00:06:20 位置，将【滑块】设置为 2，如图 5-81 所示。

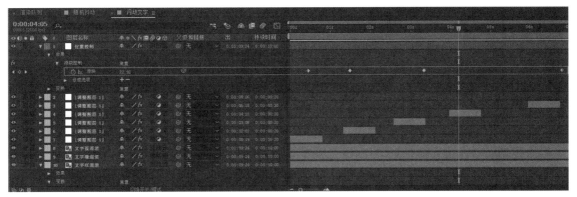

图 5-80

图 5-81

STEP 23 双击【项目】面板导入"背景音乐 .wav"并放置在合成最底部，如图 5-82 所示。

图 5-82

至此，本案例制作完成，我们可以单击【播放】按钮，观察动画效果。

第6章

绘画与形状工具

笔刷工具、仿制图章工具和橡皮擦工具都是绘画工具。绘画工具可以在图层面板中使用，同时可以在时间轴面板中查看和修改绘画效果的属性。使用形状工具或钢笔工具不仅可以在合成面板中进行绘制来创建形状图层，同样也可以为现有形状添加形状属性，或者在该形状图层内创建新形状，本章将详细地讲述绘画与形状工具的使用。

6.1 绘图工具

绘图工具包括【画笔工具】、【仿制图章工具】和【橡皮擦工具】，如图 6-1 所示。使用绘画工具可以创建或擦除矢量图案，每个图案可以设置【持续时间】属性、【描边选项】属性和【变换】属性，用户可以在【时间轴】面板中查看和修改这些属性。

图 6-1

默认情况下，每个绘制效果由创建它的工具命名，并包含一个表示其绘制顺序的数字。添加绘制效果的图层包含一个【在透明背景上绘画】的选项，如果打开该选项，绘制效果将作用于透明图层，如图 6-2 所示。

图 6-2

6.1.1 绘图面板

从工具栏中选择相应的绘图工具，就可以在【绘画】面板中设置各个绘图工具的控制参数，如图 6-3 所示。

※ 参数详解

不透明度： 用于设置画笔笔触和仿制图章的最大不透明度。对于【橡皮擦工具】，用于设置橡皮擦移除图层颜色的最大值。

流量： 用于控制画笔笔触和仿制图章的流量大小，数值越大，上色速度越快。对于【橡皮擦工具】，用于设置橡皮擦移除图层颜色的速度，数值越大，速度越快。

模式： 设置画笔笔触和仿制图章与底层图层像素的混合模式，与图层中的混合模式相同。

通道： 用于设置绘画工具影响的图层通道。在选择【Alpha】选项时，描

图 6-3

边仅影响不透明度。

使用纯黑色绘制 Alpha 通道时，与使用【橡皮擦工具】的效果相同。

持续时间：用于设置绘制效果的持续时间

【固定】表示绘制效果从当前帧应用到图层的出点位置。

【写入】表示将根据绘制时的速度自动创建关键帧，以动画方式显示绘制的过程。

【单帧】表示绘制效果只显示在当前帧。

【自定义】表示自定义新建绘制的持续时间。

当绘画工具处于活动状态时，用户可以在主键盘上按 1 或 2 键，将【当前时间指示器】向前或向后移动。

图 6-4

6.1.2 画笔面板

在【画笔】面板中，可以调节画笔的大小、硬度、间距等属性参数，选择任意绘图工具就可以激活该面板，如图 6-4 所示。

※ 参数详解

直径：用于设置笔刷的大小，单位为像素 (px)，如图 6-5 所示。

在【图层】面板中按住 Ctrl 键拖曳笔刷可以直接调节笔刷的大小。

角度：用于设置椭圆笔刷在水平方向上旋转的角度，角度可以用正值或负值表示，如图 6-6 所示。

| 27px | 3px |

图 6-5

图 6-6

圆度：用于设置笔刷的长轴和短轴之间的比例。圆形笔刷为 100%，线性笔刷为 0%，介于 0% 到 100% 的值为椭圆形笔刷，如图 6-7 所示。

硬度：用于设置笔刷中心的硬度大小，从边缘 100% 不透明到边缘 100% 透明的过渡。数值越小，画笔的边缘透明度越高，如图 6-8 所示。

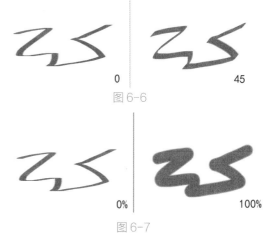

| 0% | 100% |

图 6-7

间距：用于设置笔触之间的距离，以笔刷直径的百分比度量。取消该选项，拖曳鼠标绘图的速度可以决定笔触间距的大小，如图 6-9 所示。

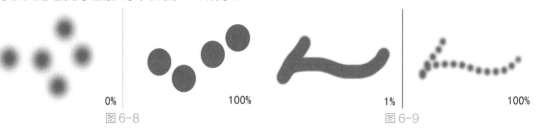

图 6-8　　　　　　　　　　　　　图 6-9

画笔动态：用于设置当使用数位板进行绘制时如何控制笔刷笔触。

※ 技术专题　使用画笔工具绘画

【绘画】面板的前景色决定了画笔绘制的颜色，在当前图层的【图层】面板中可以显示绘制效果。

(1) 选择绘图工具，在【绘画】面板中设置画笔的颜色、透明度、流量等控制参数。单击【设置前景颜色】按钮█，使用拾色器选择前景色，或使用吸管工具 🖊 从屏幕任意位置选择颜色。

> **技　巧**
>
> 　　使用快捷键 D 可以将前景颜色和背景颜色设置为黑白色，使用快捷键 X 可以切换前景颜色和背景颜色。

(2) 在【画笔】面板中选择预设的画笔笔触或重新设置画笔笔触控制参数。

(3) 在【时间轴】面板中双击需要进行绘制的图层，也可以在【时间轴】面板中选择需要进行绘制的图层，在【合成】面板中双击绘图工具，在当前图层的【图层】面板中进行绘制。

(4) 在当前图层的【图层】面板中，拖曳【画笔工具】进行绘制，松开鼠标左键，将停止绘制。再次拖曳画笔时，将进行新的绘制。连续两次按快捷键 P 可以显示【绘制】属性，在【绘制】属性下将显示每次绘制的笔触效果，如图 6-10 所示。

图 6-10

> **技　巧**
>
> 　　在进行绘制时，按住 Shift 键拖曳可以继续之前的笔触效果。

6.1.3　仿制图章工具

使用【仿制图章工具】可以将某一位置和时间的像素复制到另一个位置和时间。【仿制图章工具】是从源图层中对像素进行采样，然后将采样的像素值应用于目标图层。目标图层可以是同一合成中的同一图层，也可以是其他图层，如图 6-11 所示。

图 6-11

※ 参数详解

预设：【仿制图章工具】的预设选项，重复使用仿制源设置可以提高复制的效率。要选择仿制预设，可以在主键盘上按 3、4、5、6 或 7 键，或者单击面板中的仿制预设按钮。

源： 图章采样的源图层。

已对齐： 勾选该复选框，复制的图像信息的采样点都与源图层的位置保持对齐，使用多个描边在已采样像素的一个副本上绘画；取消勾选该复选框，将导致采样点在描边之间保持不变，如图 6-12 所示。

图 6-12

锁定源时间： 勾选该复选框，来源时间将被锁定，使用相同的帧复制。

偏移： 采样点在源图层中的位置 (x,y)。

源时间： 源图层被采样的合成时间。当且仅当勾选【锁定源时间】复选框时，此属性才会出现。

源时间转移： 用于设置采样帧和目标帧之间的时间偏移量。

仿制源叠加： 用于设置复制画面与原始画面的混合叠加程度。

练习6-1 **复制图像**

素材文件： 实例文件 / 第 06 章 / 练习 6-1

案例文件： 实例文件 / 第 06 章 / 练习 6-1/ 复制图像 .aep

教学视频： 多媒体教学 / 第 06 章 / 复制图像 .mp4

技术要点： 仿制图章工具的使用

操作步骤：

STEP 1 双击【项目】面板，导入"素材 .jpg"，将"素材 .jpg"拖曳至"新建合成"图标位置，在【合成设置】对话框中，将【合成名称】设置为"复制图像"，如图 6-13 所示。

STEP 2 在【时间轴】面板中双击"素材 .jpg"图层，选择【仿制图章工具】，设置画笔【直径】为 115，在【图层】面板中按住 Alt 键选择合适的采样点后，按住鼠标左键进行复制操作，如图 6-14 所示。

图 6-13   图 6-14

6.1.4 ▶ 橡皮擦工具

【橡皮擦工具】不仅可以移除【画笔工具】或【仿制图章工具】创建的图像，也可以擦除原始图像。在【图层源和绘画】或【仅绘画】模式中使用【橡皮擦工具】，每一次擦除操作都会被记录下来，可以进行修改和删除；在【仅最后描边】模式中使用【橡皮擦工具】，只影响最后一次绘制，如图6-15所示。

> **技 巧**
>
> 在使用【仿制图章工具】和【画笔工具】进行绘制时，按住 Ctrl+Shift 键拖曳，可以切换为【仅最后描边】模式下的【橡皮擦工具】。

图 6-15

| 6.2 形状图层

在 After Effects 中，可以利用形状图层创建各种复杂的形状图案并创建丰富的动画效果。

6.2.1 ▶ 路径

After Effects 的一些功能（蒙版、形状、绘画描边等）都依赖于路径的概念。矢量图是由路径构成的，一条路径由若干条线段构成，线段可以是直线或曲线。路径包括封闭路径和开放路径，通过拖曳路径的顶点和每个顶点的控制手柄，可以更改路径的形状。

※ 技术专题 边角点和平滑点

路径有两种顶点：边角点和平滑点。平滑点的控制手柄显示为一条直线，路径段以平滑方式显示。由于路径突然改变方向，边角点的控制手柄在不同的直线上。边角点和平滑点可以任意组合，也可以对边角点和平滑点进行切换，如图 6-16 所示。

当移动平滑点的控制手柄时，控制点两侧的曲线会同时调整；当移动边角点的控制手柄时，只影响相同边上的曲线，如图 6-17 所示。

图 6-16

图 6-17

6.2.2 ▶ 形状工具

在 After Effects 中，使用形状工具不仅可以创建形状图层，同时也可以创建蒙版路径。形状工具包括【矩形工具】【圆角矩形工具】【椭圆工具】【多边形工具】和【星形工具】，其绘制方法基本相同，如图6-18所示。

图 6-18

在形状工具右侧提供了两种模式，分别为【工具创建形状】和【工具创建蒙版】，如图 6-19 所示。

图 6-19

在未选择任何图层的情况下，使用形状工具将自动创建形状图层。如果选择的图层为固态层或普通素材图层等，将为该图层创建蒙版效果；如果选择的图层为形状图层，将为该图层继续添加形状或添加蒙版效果。默认情况下，形状由路径、描边和填充组成，在选择形状工具时，可以在工具栏右侧设置填充颜色、描边颜色以及描边宽度，如图 6-20 所示。

图 6-20

1. 矩形工具

使用【矩形工具】可以绘制任意大小的矩形，单击并拖曳即可绘制图形。在未选择任何图层的模式下，将自动创建形状图层，如图 6-21 所示。

> **技 巧**
>
> 用户可以按住 Shift 键拖曳创建正方形。如果同时按住 Shift+Alt 键，将以鼠标指针的落点为中心，创建正方形。

图 6-21

2. 圆角矩形工具

使用【圆角矩形工具】可以绘制任意大小的圆角矩形，单击并拖曳即可绘制图形。在未选择任何图层的模式下，将自动创建形状图层。如图 6-22 所示。

> **提 示**
>
> 【矩形路径】属性中的【圆整】属性可以用来调节圆角的大小，数值越大，圆角越明显。

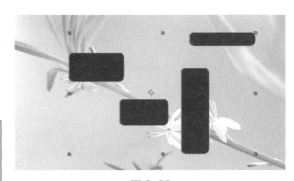

图 6-22

3. 椭圆工具

使用【椭圆工具】可以绘制任意大小的椭圆和正圆，单击并拖曳即可绘制图形。在未选择任何图层的模式下，将自动创建形状图层。使用【椭圆工具】创建的图形，遵循合成的像素纵横比，如果合成的像素纵横比不是 1：1，可以激活【合成】面板底部的【像素纵横比校正开关】按钮 ，正圆图形将显示为正圆，如图 6-23 所示。

用户可以按住 Shift 键拖曳创建正圆。如果同时按住 Shift+Alt 键，将以鼠标指针的落点为中心，创建正圆。

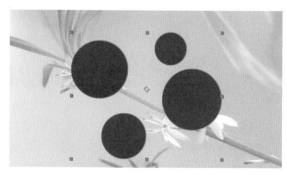

图 6-23

4. 多边形工具

使用【多边形工具】可以绘制任意大小且不少于三条边的多边形，单击并拖曳即可绘制图形。在未选择任何图层的模式下，将自动创建形状图层，如图 6-24 所示。

5. 星形工具

使用【星形工具】可以绘制任意大小的星形，单击并拖曳即可绘制图形。在未选择任何图层的模式下，将自动创建形状图层，如图 6-25 所示。

图 6-24

图 6-25

6.2.3 钢笔工具

使用【钢笔工具】可以绘制出不规则的路径和形状。使用【钢笔工具】可以在选择的形状图层上继续创建形状，也可以在未选择图层的情况下直接在【合成】面板中绘制，创建新的形状图层。【钢笔工具】包含 4 个辅助工具，分别为【添加"顶点"工具】【删除"顶点"工具】【转换"顶点"工具】和【蒙版羽化工具】，如图 6-26 所示。

图 6-26

在【钢笔工具】属性中，勾选【RotoBezier】复选框，可以创建旋转的贝塞尔曲线路径，使用这种方式创建的路径，顶点的方向线和路径的弯度是自动计算的，如图 6-27 所示。

图 6-27

※ 技术专题　使用钢笔工具绘制形状路径

(1) 在工具栏中选择【钢笔工具】，在【合成】面板中放置第一个顶点。

(2) 单击放置下一个顶点，完成直线路径的创建。要创建弯曲的路径，可以拖曳手柄以创建曲线，如图 6-28 所示。

图 6-28

　　按住空格键，在创建某个顶点之后并且不松开鼠标之前可以重新放置该顶点。最后添加的顶点将显示为一个纯色正方形，表示它处于选中状态。随着顶点的不断添加，以前添加的顶点将成为空的且被取消选择，如图 6-29 所示。

图 6-29

(3) 要闭合路径，可以将鼠标指针放置在第一个顶点上，当一个闭合的圆图标出现在鼠标指针旁边时，单击该顶点；或执行【图层】>【蒙版和形状路径】>【已关闭】命令闭合路径，如图 6-30 所示。要使路径保持开放状态，可以激活一个其他的工具，或者按 F2 键以取消选择该路径。

图 6-30

(4) 用户可以通过【添加"顶点"工具】【删除"顶点"工具】【转换"顶点"工具】，调整路径形态。

添加"顶点"工具: 选择【添加"顶点"工具】，在路径中单击，即可在路径中添加顶点，如图 6-31 所示。

删除"顶点"工具: 选择【删除"顶点"工具】，单击路径中的节点，即可删除节点，如图 6-32 所示。

转换"顶点"工具: 选择【转换"顶点"工具】，单击并拖曳控制手柄，可以在边角点和平滑点之间切换，改变曲线的形态，如图 6-33 所示。

图 6-31

图 6-32

图 6-33

6.2.4 从文本创建形状

从文本创建形状可以根据每个文字的轮廓创建形状并将形状作为新的图层。在【时间轴】面板或【合成】面板中选择需要创建形状的文字图层，执行【创建】>【从文本创建形状】命令即可，如图 6-34 所示。

图 6-34

提　示

对于包含复合路径的文字 (如 i)，可创建多个路径并通过合并路径的方式对其重新组合。

6.2.5　形状组

形状图层可以通过添加和重新排列形状属性实现更加灵活的表现效果。当用户需要创建复杂的图形时，为了对多个形状进行统一管理和编辑，可以利用图层属性中的【添加】功能来完成。

选择已经创建的形状图层，展开图层的属性，单击【添加】按钮，在弹出的菜单中选择【组（空）】命令，即可创建一个空白的形状组，如图 6-35 所示。

创建完形状组后，单击【添加】按钮，即可在形状组下完成新形状的添加。或选中已经创建完的形状，按住鼠标左键拖曳至组下即可，如图 6-36 所示。

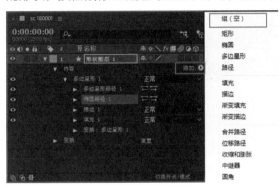
图 6-35

图 6-36

提　示

用户也可以通过执行【图层】>【组合形状】命令，或使用快捷键 Ctrl+G，选择相应的形状完成群组操作。被群组的形状会增加一个新的【变换】属性，处于组中的所有形状都会受到组中【变换】属性参数的影响。

6.2.6　形状属性

在创建完形状后，可以通过更改形状的填充颜色、描边颜色以及路径变形效果等属性，进一步调整形状图形。

1. 填充和描边

单击工具栏中的【填充选项】，在弹出的【填充选项】对话框中，可以设置填充的类型。包括【无】【纯色】【线性渐变】和【径向渐变】4 种模式，如图 6-37 所示。

默认情况下，填充颜色为【纯色】模式，用户可以单击【填充颜色】选项，在弹出的【填充颜色】对话框中指定和修改填充颜色。将【填充选项】调整为【无】时，不产生填充效果。

图 6-37

【线性渐变】和【径向渐变】主要用来为形状内部填充渐变颜色，将【填充选项】调整为【线性渐变】或【径向渐变】时，图形会转换为默认的黑白渐变填充方式，在【渐变编辑器】对话框中，可以更改渐变颜色和透明度属性，还可以通过添加或删除控制点精确控制渐变颜色，如图 6-38 所示。

用户可以在形状图层的【渐变填充】属性中，控制渐变填充的具体参数，如图 6-39 所示。

图 6-38

图 6-39

※ 参数详解

类型： 用于设置渐变填充的类型，分为【线性】和【径向】两种。

起始点： 用于设置渐变颜色一端的起始位置。

结束点： 用于设置渐变颜色一端的结束位置。

颜色： 单击【编辑渐变】选项，在弹出的【渐变编辑器】对话框中，可以设置渐变的颜色。渐变条下方用于设置渐变的颜色，用户可以在渐变条上单击以添加颜色。渐变条上方用于设置颜色的透明度。

单击工具栏中的【描边选项】，在弹出的【描边选项】对话框中，可以设置描边的类型。描边类型的设置和填充设置基本相同，描边的宽度以像素为单位，可以通过【描边宽度】选项调整描边的宽度。

※ 技术专题　填充规则

填充是在路径内部区域中添加颜色，当图形的路径较为单一时(如矩形)，确定填充区域较为简单。对于复杂的图形，当路径存在交叉时，需要确定哪些部分为填充区域。非零环绕填充类型会考虑路径方向，使用此填充规则并反转复合路径中的一个或多个路径的方向对于创建复合路径中的孔比较有用。奇偶规则填充类型不考虑路径方向，某个点向任意方向绘制的直线穿过路径的次数为奇数，则该点被视为位于内部，否则，该点被视为位于外部，如图 6-40 所示。

图 6-40

2. 设置路径形状

用户可以在【时间轴】面板中，选择形状图层，单击【添加】按钮设置路径变形效果，如图 6-41 所示。

※ 参数详解

合并路径： 当在一个图形组中添加了多个形状后，可以将图形组中的所有形状进行合并，从而形成一个新的路径对象。在【路径合并】选项中，可以设置 5 种不同的模式，分别为【合并】(将所有输入路径合并为单个复合路径)【相加】【相减】【相交】【排除交集】，如图 6-42 所示。

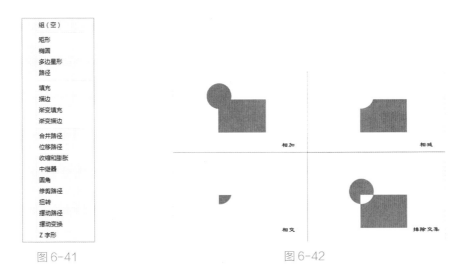

图 6-41　　　　　　　　　　　　　　　图 6-42

位移路径：通过使路径与原始路径发生位移来扩展或收缩形状。对于闭合路径，输入正数量值将扩展形状，输入负数量值将收缩形状，如图 6-43 所示。

收缩和膨胀：输入正数量值，形状中向外凸起的部分向内凹陷，输入负数量值，向内凹陷的部分向外凸出。如图 6-44 所示。

图 6-43　　　　　　　　　　　　　　　图 6-44

中继器：对选定的形状进行复制操作，可以指定复制对象的变换属性和个数，如图 6-45 所示。

圆角：用于设置圆角的大小，数值越大，圆角效果越明显，如图 6-46 所示。

图 6-45　　　　　　　　　　　　　　　图 6-46

修剪路径：用于调整路径的显示百分比，可用于制作路径生长动画，如图 6-47 所示。

图 6-47

扭转： 以形状中心为圆心对形状进行扭曲操作，中心的旋转幅度比边缘的旋转幅度大。输入正值将顺时针扭转，输入负值将逆时针扭转，如图 6-48 所示。

摆动路径： 通过将路径转换为一系列大小不等的锯齿状随机分布（摆动）路径，如图 6-49 所示。

图 6-48

摆动变换： 随机分布（摆动）路径的位置、锚点、缩放和旋转变换的任意组合。摆动变换是自动生成的动画效果，需要在摆动变换的【变换】属性中设置一个值来确定摆动的程度，即可随着时间的推移产生动画效果。

Z 字形： 将路径转换为一系列统一大小的锯齿状尖峰和凹谷，如图 6-50 所示。

图 6-49 图 6-50

练习6-2 小风车动画

素材文件： 实例文件 / 第 06 章 / 练习 6-2
案例文件： 实例文件 / 第 06 章 / 练习 6-2/ 小风车动画 .aep
教学视频： 多媒体教学 / 第 06 章 / 小风车动画 .mp4
技术要点： 形状工具的使用
操作步骤：

STEP 1 新建合成，设置【合成名称】为"小风车动画"，大小为 1280×720，【持续时间】为 0:00:05:00，【像素长宽比】为"方形像素"，【帧速率】为 25 帧 / 秒，如图 6-51 所示。

STEP 2 在工具栏中双击【星形工具】，在【时间轴】面板中修改"多边星形路径 1"属性，设置【点】为 8，【内径】为 59，【外径】为 97，【外圆度】为 83%，如图 6-52 所示。

STEP 3 选择"形状图层 1"，将【填充选项】设置为"径向渐变"，设置【填充 1】颜色为 (R:0,G:255,B:216)，【填充 2】颜色为 (R:0,G:52,B:223)，在【时间轴】面板中，设置【渐变填充】中的结束点为 (55,81)，如图 6-53 所示。

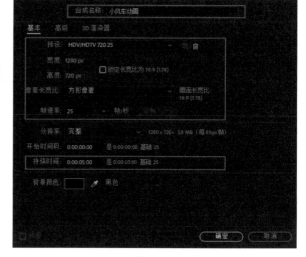

图 6-51

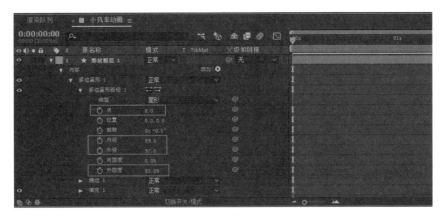

图 6-52

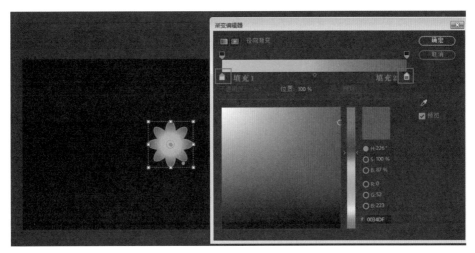

图 6-53

STEP 4 选择"形状图层 1",单击【添加】按钮,为"形状图层 1"添加【扭转】效果,设置"扭转 1"中的【角度】为 79,如图 6-54 所示。

图 6-54

STEP 5 选择"形状图层 1",修改图层名称为"扇叶",使用【矩形工具】继续绘制形状图层,将形状图层重命名为"手柄"并放置于"扇叶"图层下方,将【填充选项】设置为"纯色",设置【填充 1】颜色为 (R:195,G:115,B:0),如图 6-55 所示。

STEP 6 在工具栏中双击【椭圆工具】，将形状图层重命名为"中心点"，在【时间轴】面板中修改"椭圆路径 1"属性，设置【大小】为 (20,20)，【填充 1】颜色为 (R:134,G:73,B:14)，如图 6-56 所示。

图 6-55

图 6-56

STEP 7 将【当前时间指示器】移动至 0:00:00:00 位置，选择"扇叶"图层，激活"多边星形路径 1"【旋转】属性的【时间变化秒表】按钮，将【当前时间指示器】移动至 0:00:04:24 位置，将【旋转】设置为 5×0.0°，如图 6-57 所示。

图 6-57

STEP 8 选择"扇叶"图层中的"多边星形路径 1"中的【旋转】属性的所有关键帧，执行【动画】>【关键帧辅助】>【缓动】命令，如图 6-58 所示。

STEP 9 选择所有图层，执行【编辑】>【重复】命令两次，将复制的图层移动到合适位置，并调整"扇叶"颜色，如图 6-59 所示。

图 6-58

图 6-59

STEP 10 在【时间轴】面板中单击鼠标右键，在弹出的菜单中选择【新建】>【纯色】命令，修改固态层名称为"背景"，颜色为 (R:146,G:186,B:210)，并放置在合成底部，如图 6-60 所示。

STEP 11 在【时间轴】面板中选择所有扇叶图层，开启【运动模糊】开关，如图 6-61 所示。

STEP 12 单击【播放】按钮，预览动画效果，使用快捷键 Ctrl+M 将合成添加至渲染队列并输出，如图 6-62 所示。

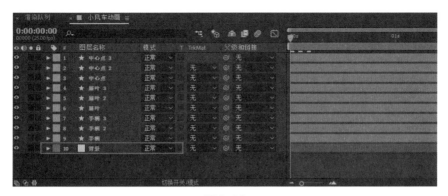

图 6-60

图 6-61

图 6-62

6.3　综合实战：融合动画　　Q　　→

素材文件： 实例文件 / 第 06 章 / 综合实战 / 融合动画

案例文件： 实例文件 / 第 06 章 / 综合实战 / 融合动画 / 融合动画 .aep

教学视频： 多媒体教学 / 第 06 章 / 融合动画 .mp4

技术要点： 形状工具的综合使用

本案例是关于形状工具使用的综合性案例，通过多种效果的添加模拟融合效果，案例效果如图 6-63 所示。

操作步骤：

STEP 1 新建合成，设置【合成名称】为"融合动画"，大小为 1280×720，【持续时间】为 0:00:05:00，【像素长宽比】为"方形像素"，【帧速率】为 25 帧 / 秒，如图 6-64 所示。

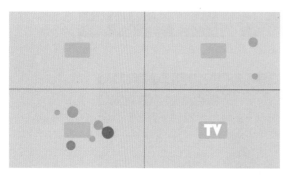

图 6-63

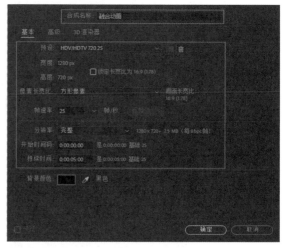

图 6-64

STEP 2 在工具栏中选择【圆角矩形工具】，在【合成】面板中心绘制一个圆角矩形，在"矩形 1"中，设置【大小】为 (250,150)，【圆度】为 20，【填充 1】颜色为 (R:0,G:209,B:254)，取消描边，在【变换】属性中，设置【位置】为 (640,360)，如图 6-65 所示。

图 6-65

STEP 3 在工具栏中双击【椭圆工具】，在"形状图层 2"中，设置"椭圆路径 1"【大小】为 (80,80)，【填充 1】颜色为 (R:233,G:254,B:0)，取消描边，在【变换】属性中，设置【位置】为 (282,441)，如图 6-66 所示。

图 6-66

STEP 4 在工具栏中双击【椭圆工具】，在"形状图层 3"中，设置"椭圆路径 1"【大小】为 (70,70)，【填充 1】颜色为 (R:18,G:172,B:152)，取消描边，在【变换】属性中，设置【位置】为 (1050,605)，如图 6-67 所示。

STEP 5 在工具栏中双击【椭圆工具】，在"形状图层 4"中，设置"椭圆路径 1"【大小】为 (100,100)，【填充 1】颜色为 (R:16,G:224,B:16)，取消描边，在【变换】属性中，设置【位置】为 (1016,288)，如图 6-68 所示。

STEP 6 使用相同的方法创建大小不一的形状和颜色，如图 6-69 所示。

STEP 7 将【当前时间指示器】移动至 0:00:00:00 位置，选择"形状图层 2"至"形状图层 10"，激活【位置】属性的【时间变化秒表】按钮，将【当前时间指示器】移动至 0:00:01:00 位置，将【位置】设置为 (640,360)，如图 6-70 所示。

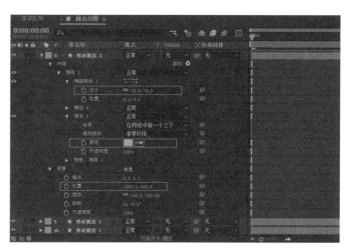

图 6-67

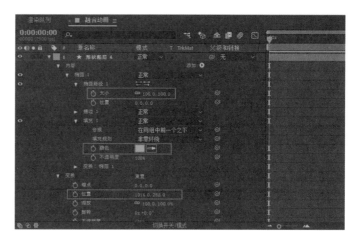

图 6-68

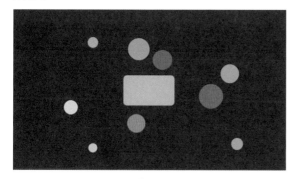

图 6-69

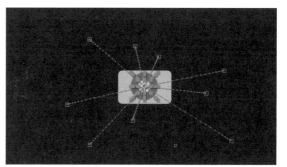

图 6-70

STEP 8 选择"形状图层 2"至"形状图层 10"【位置】属性的所有关键帧，执行【动画】>【关键帧辅助】>【缓动】命令，如图 6-71 所示。

STEP 9 选择"形状图层 2"，按住 Shift 键选择"形状图层 10"，执行【动画】>【关键帧辅助】>【序列图层】命令，勾选【重叠】复选框，将【持续时间】设置为 0:00:04:22，如图 6-72 所示。

图 6-71

图 6-72

STEP 10 选择"形状图层 1"，将其拖曳至最上层，执行【图层】>【新建】>【调整图层】命令创建"调整图层 1"，如图 6-73 所示。

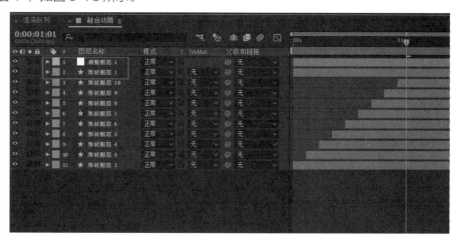

图 6-73

STEP 11 选择"调整图层 1"，执行【效果】>【模糊和锐化】>【快速方框模糊】命令，将【模糊半径】设置为 5，如图 6-74 所示。

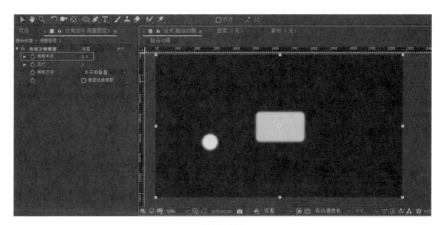

图 6-74

STEP 12 选择"调整图层 1",执行【效果】>【遮罩】>【简单阻塞工具】命令,将【阻塞遮罩】设置为 5.8,如图 6-75 所示。

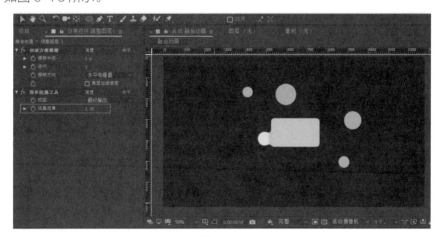

图 6-75

STEP 13 将【当前时间指示器】移动至 0:00:00:14 位置,选择"形状图层 1",激活【缩放】属性的【时间变化秒表】按钮,如图 6-76 所示。

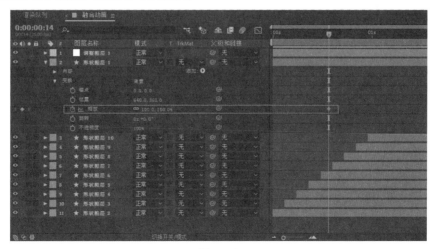

图 6-76

STEP 14 将【当前时间指示器】移动至 0:00:00:18 位置，设置【缩放】为 (103,103%)；将【当前时间指示器】移动至 0:00:01:07 位置，设置【缩放】为 (108,108%)；将【当前时间指示器】移动至 0:00:01:12 位置，设置【缩放】为 (116,116%)；将【当前时间指示器】移动至 0:00:01:14 位置，设置【缩放】为 (112,112%)；将【当前时间指示器】移动至 0:00:01:16 位置，设置【缩放】为 (113,113%)，如图 6-77 所示。

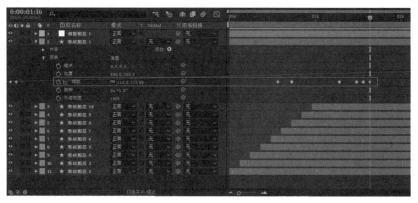

图 6-77

STEP 15 选择所有图层，执行【图层】>【预合成】命令，将【新合成名称】设置为 "融合"，如图 6-68 所示。

STEP 16 执行【图层】>【新建】>【文本】命令，输入 "TV"，将文字修改为合适的字体和大小，如图 6-79 所示。

STEP 17 执行【图层】>【新建】>【纯色】命令，修改名称为 "背景"，颜色为 (R:195,G:210, B:212)，将 "背景" 图层放置在合成底部，如图 6-80 所示。

图 6-78

图 6-79

图 6-80

STEP 18 选择文本图层，将【当前时间指示器】移动至 0:00:01:08 位置，激活【不透明度】属性的【时间变化秒表】按钮，将【不透明度】设置为 0%，如图 6-81 所示。

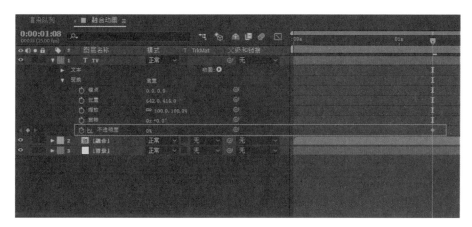

图 6-81

STEP 19 将【当前时间指示器】移动至 0:00:02:04 位置,将【不透明度】设置为 100%,如图 6-82
所示。

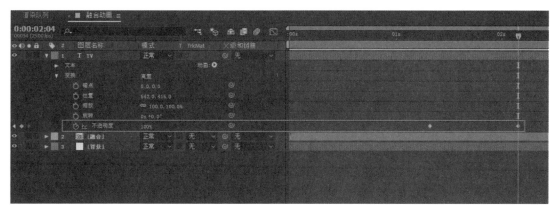

图 6-82

至此,本案例制作完成,我们可以单击【播放】按钮,观察动画效果。

第7章

👆 创建三维空间动画

After Effects 不同于传统意义上的三维图形制作软件，但依然可以让用户多角度地对场景中的物体进行观察和操作。After Effects 可以将二维的图层转换为三维图层，按照 X 轴、Y 轴、Z 轴的关系，创建出三维空间的效果。三维图层本身也具备接受阴影、投射阴影的选项。除此之外，为了使用户能够创建一个更加真实的三维空间，软件本身还提供摄像机、灯光和光线追踪的功能。本章将详细地介绍创建三维空间的基础知识和操作。

┃7.1 三维空间 🔍

三维是指在平面二维系中又加入了一个方向向量构成的空间系。"维"是一种度量单位，在三维空间中表示方向，通过 X 轴、Y 轴、Z 轴共同确立了一个三维物体。其中，X 表示左右空间，Y 表示上下空间，Z 表示前后空间，这样就形成了人的视觉立体感。

在专业的三维图像制作软件中，用户可以通过各个角度观察处于三维空间中的物体，如图 7-1 所示。After Effects 中的三维图层并不能独立创建，而是需要通过普通的二维图层进行转换。在 After Effects 中，除了音频图层以外的所有图层均能转换为三维图层。

图 7-1

7.2 三维图层

由于 After Effects 是基于图层的合成软件，即使将二维图层转换为三维图层，该图层依然是没有厚度信息的。在原始的图层基本属性中，将追加附加的属性，如位置 Z 轴、缩放 Z 轴等。After Effects 提供的三维图层功能虽然区别于传统的专业三维图像制作软件，但依然可以利用摄像机图层、灯光图层去模拟真实的三维空间效果，如图 7-2 所示。

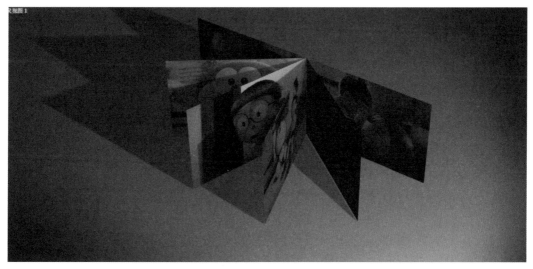

图 7-2

7.2.1 创建三维图层

在 After Effects 中，将一个普通的图层转换为三维图层的方法比较简单，只需要在【时间轴】面板中选中将要转换的图层，执行【图层】>【3D 图层】命令，如图 7-3 所示；或者直接单击该图层右侧的【3D 图层】按钮即可，如图 7-4 所示。

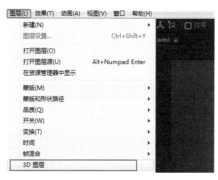

图 7-3

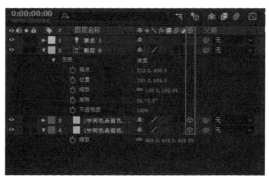

图 7-4

技 巧

用户还可以在二维图层上单击鼠标右键，在弹出的菜单中选择【3D 图层】命令，将二维图层转换为三维图层。

此时，图层的变换属性中均加入了 Z 轴的参数信息，此外，还新添加了一个【材质选项】属性，如图 7-5 所示。

> **提 示**
>
> 将三维图层转换为二维图层时，将删除 X 轴旋转、Y 轴旋转、方向、材质选项等属性，其参数、关键帧和表达式也将自动删除，且无法通过将该图层转换为三维图层来恢复。

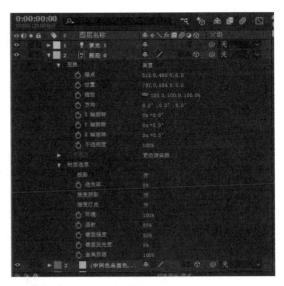

图 7-5

7.2.2 启用逐字 3D 化

After Effects 中的【启用逐字 3D 化】选项是针对于文本图层而专门设置的。将 After Effects 中的文本图层转换为三维图层的方式有很多种。一种是通过传统的在【时间轴】面板中单击【3D 图层】按钮转换完成，这种转换为三维图层的方式是将整个文本图层作为一个整体进行转换。第二种方式是将文本图层中的每一个文字作为独立对象进行转换。

当用户想要将文本图层的每一个文字转换为独立的三维对象时，则需要在【时间轴】面板中选中文字层，单击【文本】属性右侧的【动画】按钮 ，在弹出的菜单中选择【启用逐字 3D 化】命令，即可将文字转换为独立的三维对象。此时，【3D 图层】按钮显示的是两个重叠的立方体，与普通的三维图层图标有所区别，如图 7-6 所示。

图 7-6

7.2.3 三维坐标系统

在对三维对象进行控制的时候，可以根据某一轴向对物体的属性进行改变。在 After Effects 中，提供了三种坐标轴系统，它们分别是本地轴模式、世界轴模式和视图轴模式，如图 7-7 所示。

图 7-7

本地轴模式 ： 本地轴模式将图层自身作为坐标系对齐的依据，将轴与三维图层的表面对齐。当选择对象与世界轴坐标不一致时，用户可以通过本地坐标轴向调整对象的摆放位置，如图 7-8 所示。

世界轴模式 ： 它对齐于合成空间中的绝对坐标系，不管怎么旋转三维图层，它的坐标轴始终是固定的，轴始终相对于三维世界的三维空

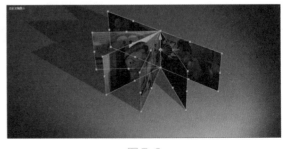

图 7-8

间，如图 7-9 所示。

视图轴模式▣：将轴对齐于用户用于观察和操作的视图。例如，在自定义视图中对一个三维图层进行了旋转操作，并且后来还对该三维图层进行了各种变换操作，但它的轴向最终还是垂直对应于用户的视图，如图 7-10 所示。

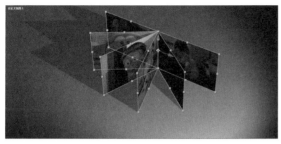

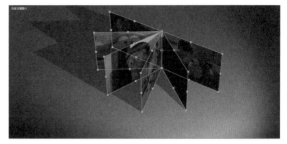

图 7-9　　　　　　　　　　　　　　　　　　图 7-10

※ 技术专题　显示或隐藏 3D 参考坐标

3D 轴是用不同颜色标志的箭头：X 轴为红色、Y 轴为绿色、Z 轴为蓝色。

要显示或隐藏 3D 轴、摄像机和光照线框图标、图层手柄以及目标点，可执行【视图】>【显示图层控件】命令。执行【视图】>【视图选项】命令，在弹出的对话框中可以进行视图的显示设置，如图 7-11 所示。

如果想要永久显示三维空间的三维坐标系，用户可以单击【合成】面板中的按钮▣，在弹出的下拉列表中选择【3D 参考轴】选项，设置三维参考坐标一直处于显示状态，如图 7-12 所示。

图 7-11　　　　　　　　图 7-12

7.2.4 三维视图操作

为了更好地观察三维图层在空间中的效果，确定图层在三维空间中的位置，用户可以调整视图选项和多视图编辑的模式，这种操作方式与专业的三维图像软件的工作方式基本一致。

1. 视图选项

在【合成】面板中，单击底部的【3D 视图】选项，在弹出的下拉列表中，可以调整用户的观察角度，如图 7-13 所示。

图 7-13

在下拉列表中，After Effects 一共为用户提供了【活动摄像机】【正面】【左侧】【顶部】【背面】【右侧】【底部】【自定义视图 1】【自定义视图 2】【自定义视图 3】10 个选项。其中，当用户选择【自定义视图 1、2、3】选项时，视图将会按照软件默认的三个不同角度进行显示，如图 7-14 所示。

2. 多视图编辑

在三维空间中，多视图的编辑操作是经常使用到的。在【合成】面板底部的【多视图编辑】选项中，单击默认设置的【1 视图】选项，在弹出的下拉列表中，为用户提供了 8个选项，用户可以单击任意视图选项来切换不同的视图观察模式，如图 7-15 所示。

图 7-14　　　　　图 7-15

7.2.5 调整三维图层参数

将二维图层转换为三维图层后，在【变换】属性组中，【锚点】【位置】【缩放】的属性中加入了 Z 轴参数的设置，Z 轴参数的设定能够确立图层在空间中纵深方向上的位置。同时，新增了【方向】及【X 轴旋转】【Y 轴旋转】【Z 轴旋转】的控制参数。

1. 设置锚点

图层的旋转、位移和缩放是基于一个点来操作的，这个点就是【锚点】，用户可以通过快捷键 A 来快速更改【锚点】参数的设置。除了通过更改【锚点】参数调整中心点的位置，还可以通过工具栏中的【锚点工具】来实现。

选择工具栏中的【锚点工具】，将鼠标指针放置在 3D 轴控件上，用户可以单独地对某一轴向（X 轴、Y 轴、Z 轴）进行移动，也可以将鼠标指针放置在 3D 轴控件的中心位置，对三个轴向同时进行调整，被调整的对象本身的显示位置并不会发生改变。

2. 设置位置与缩放

在【时间轴】面板中，展开【变换】属性组，在【位置】属性中，通过改变 Z 轴参数，能够调整对象在三维空间中纵深方向上的位置。其中，绿色箭头代表 Y 轴，红色箭头代表 X 轴，蓝色箭头代表 Z 轴。

在【缩放】属性中，同样加入了 Z 轴的参数设置，但是由于 After Effects 中的三维图层是由二维图层转换而来，默认情况下，图层本身是不具有厚度的。所以，在【缩放】属性中调整 Z 轴的参数，图像本身在厚度上并没有发生任何改变。

3. 设置方向与旋转

在【方向】属性中，可以分别对 X 轴、Y 轴、Z 轴方向进行旋转。在【旋转】属性中，X 轴、Y 轴、Z 轴的旋转参数加入了圈数的设置，用户可以直接通过设定圈数来快速地完成大角度的图像旋转操作。以上两种方式均可以完成三维对象在不同方向上的角度调整。

技 巧

在【合成】面板中，拖曳 3D 轴控制手柄，按住 Shift 键拖曳旋转，可以将旋转角度限制为 45°增量。

练习7-1 旅游纪念册

素材文件: 实例文件 / 第 07 章 / 练习 7-1

案例文件: 实例文件 / 第 07 章 / 练习 7-1/ 旅游纪念册 .aep

教学视频: 多媒体教学 / 第 07 章 / 旅游纪念册 .mp4

技术要点: 三维图层基础命令的使用

操作步骤:

STEP 1 新建合成。执行【合成】>【新建合成】命令，在【合成设置】对话框中将【合成名称】设置为"旅游纪念册"，调整合成设置。选择【预设】的合成参数为"HDV/HDTV 720 25"，设置【持续时间】为 0:00:05:00，如图 7-16 所示。

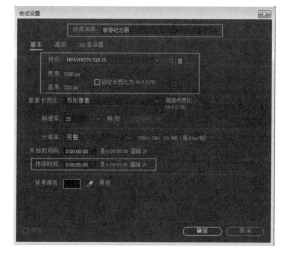

图 7-16

STEP 2 双击【项目】面板，导入所有图片素材并拖曳至【时间轴】面板中，如图 7-17 所示。

STEP 3 将所有的图层全部转换为三维图层，如图 7-18 所示。

STEP 4 将"素材 1"至"素材 6"的【锚点】设置为 (410,136.5,0)，并将"内页"图层放置于合成底部，如图 7-19 所示。

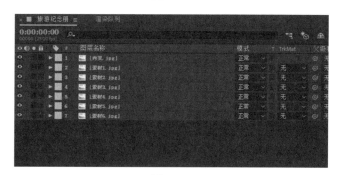

图 7-17

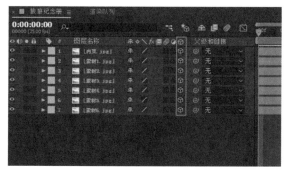

图 7-18

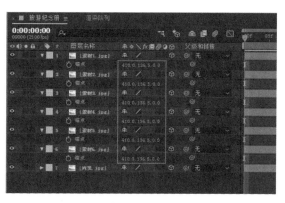

图 7-19

STEP 5 将【当前时间指示器】移动至 0:00:00:00 位置，选择"素材 1"至"素材 6"图层，激活【Y 轴旋转】属性的【时间变化秒表】按钮，如图 7-20 所示。

图 7-20

提 示

使用【方向】属性制作关键帧动画时，指定的是旋转方位的起点和终点数值，因此可以产生更加平滑的旋转过渡效果；使用【旋转】属性制作关键帧动画时，分别设置的是各个角度的旋转数值，因此可以更为精确地控制旋转的过程。

STEP 6 将【当前时间指示器】移动至 0:00:02:00 位置，选择"素材 1"至"素材 6"图层，将【Y 轴旋转】设置为 0×-180°，如图 7-21 所示。

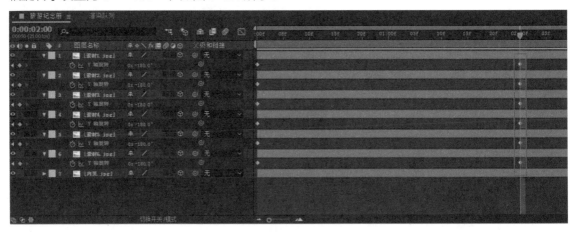

图 7-21

STEP 7 单击"素材 6"，按下 Shift 键的同时单击"素材 1"，从下至上选中素材，执行【动画】>【关键帧辅助】>【序列图层】命令，勾选【重叠】复选框，将【持续时间】设置为 0:00:04:15，单击【确定】按钮，如图 7-22 所示。

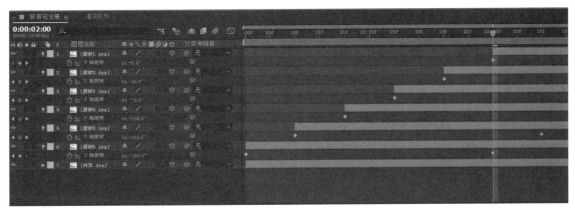

图 7-22

STEP 8 在【时间轴】面板中单击鼠标右键，在弹出的菜单中选择【新建】>【文本】命令，输入文字"旅游纪念册"，将文本图层转换为三维图层，设置【字体大小】为 66，【填充颜色】为 (R:46,G:0,B:0)，将文本调整到合适的位置，如图 7-23 所示。

STEP 9 将【当前时间指示器】移动至 0:00:02:18 位置，选择文本图层，在文本预设动画组中，选择【Text】>【Animate In】>【平滑移入】效果，双击即可添加，如图 7-24 所示。

图 7-23

图 7-24

STEP 10 在【时间轴】面板中单击鼠标右键，在弹出的菜单中选择【新建】>【纯色】命令，设置固态层【名称】为"背景"，默认合成大小，设置【填充颜色】为 (R:214,G:214,B:214)，将"背景"图层转换为三维图层，设置【X 轴旋转】为 0×+90°，【位置】为 (640,497,0)，如图 7-25 所示。

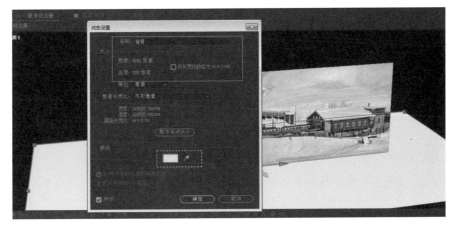

图 7-25

STEP 11 将视图模式设置为【自定义视图 1】，调整到合适的观察角度，预览动画效果，如图 7-26 所示。

图 7-26

7.2.6 三维图层的材质属性

将二维图层转换为三维图层后，同时添加了一个新的【材质选项】属性。在该属性中，可以为图层设置投影、透光率、是否接受灯光等参数，如图 7-27 所示。

图 7-27

投影： 决定三维图层是否投射阴影，主要包括 3 种类型。默认情况下为【关】，表示图层不投射阴影。【开】表示投射阴影。【仅】表示只显示阴影，原始图层将被隐藏。

透光率： 设置图层经过光照后的透明程度，用于表现半透明图层在灯光下的照射效果，主要体现在投影上。透光率默认情况下为 0%，代表投影颜色不受图层本身颜色的影响，透光率值越高，影响越大。当透光率为 100% 时，阴影颜色受到图层本身的影响为最大。

接受阴影： 设置图层本身是否接受其他图层阴影的投射影响，共有【开】【关】【仅】3 种模式。默认情况下为【开】，表示接受其他图层的投影影响。【仅】表示只显示受影响的部分。【关】表示不受其他图层的投影影响。

接受灯光： 设置图层是否接受灯光的影响。【开】表示图层接受灯光的影响，图层的受光面会受到灯光强度、角度及灯光颜色等参数的影响。【关】表示图层只显示自身的默认材质，不受灯光照射的影响，如图 7-35 所示。

环境： 设置图层受环境光影响的程度。此参数在三维空间中设置有环境光的时候才产生效果。默认情况下为 100%，表示受到环境光的影响最大。当参数为 0% 时，表示不受环境光的影响。

漫射： 设置漫反射的程度，默认情况下为 50%。数值越大，反射光线的能力越强。

镜面强度： 设置图层镜面反射的程度，数值越高，反射程度越高，高光效果越明显。

镜面反光度： 设置图层镜面反射的区域，用于控制高光点的光泽度，其数值越小，镜面反射的区域就越大。

金属质感： 用于控制图层的光泽感，数值越低，受灯光影响强度越高；数值越高越接近图层本身的颜色。

> **提　示**
>
> 三维图层的材质属性是与灯光系统配合使用的，当场景中不含有灯光图层时，材质属性不起作用。

| 7.3 摄像机系统

用户可以像在现实世界中一样，使用摄像机图层从任何角度和距离观察三维空间中的图像。还可以设置摄像机的参数信息并记录下来从而为其添加动画效果。

7.3.1 ▶ 新建摄像机

当用户需要为合成添加摄像机时，可以执行【图层】>【新建】>【摄像机】命令。用户也可以在【时间轴】面板中的空白区域单击鼠标右键，在弹出的菜单中选择【新建】>【摄像机】命令，来完成摄像机图层的创建，如图 7-28 所示。

图 7-28

> **提 示**
>
> 在场景中如果创建了多个摄像机图层，可以在【合成】面板中将视图设置为【活动摄像机】，通过多个角度对视图进行的观察和显示。【活动摄像机】视图显示的是【时间轴】面板中位于最上层的摄像机图层的角度。

7.3.2 ▶ 摄像机的属性设置

在创建摄像机图层时，会弹出【摄像机设置】对话框，通过该对话框可以对摄像机的基本属性进行设置，如图 7-29 所示。

> **提 示**
>
> 用户也可以在【时间轴】面板中双击摄像机图层，或选择摄像机图层，执行【图层】>【摄像机设置】命令，进行摄像机属性的设置。

类型：包括双节点摄像机和单节点摄像机。双节点摄像机具有目标点参数，摄像机的拍摄方向由目标点决定，摄像机本身围绕目标点定向。单节点摄像机无目标点，由摄像机本身的位置参数和角度决定拍摄方向，如图 7-30 所示。

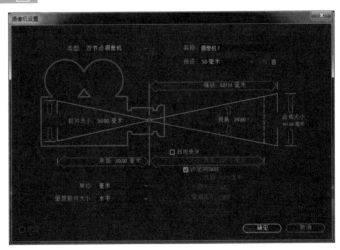

图 7-29

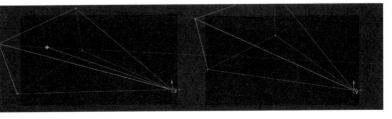

图 7-30

名称：用于设置摄像机的名字。

预设：在预设中，共提供了9种常用的摄像机设置参数，根据焦距区分。用户可以根据需要直接选择使用，不同焦距的显示效果，如图7-31所示。

※ 技术专题　广角镜头和长焦镜头

广角镜头的焦距短于标准镜头，视角大于标准镜头。从某一点观察的范围比正常的人眼在同一视点看到的范围更大。

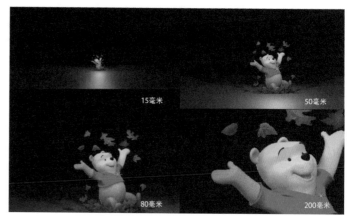

图 7-31

长焦镜头的焦距长于标准镜头，视角小于标准镜头。在同一距离上能拍出比标准镜头更大的影像，所以拍摄的影像空间范围较小，更适合拍摄远处的对象。

缩放：从镜头到图像平面的距离。

胶片大小：用于设置胶片的曝光区域的大小，与合成设置的大小相关。

视角：在图像中捕获的场景的宽度，也就是摄像机实际观察到的范围，由焦长、胶片尺寸和变焦3个参数来确定视角的大小。

启用景深：勾选该复选框，表示将启用景深效果。

焦距：从摄像机到图像最清晰的位置的距离。

锁定到缩放：勾选该复选框，可以使焦距值与变焦值匹配。

光圈：用于设置镜头孔径的大小，数值越大，景深效果越明显，模糊程度越高。

光圈大小：(F-Stop) 表示焦距与孔径的比例。光圈值与孔径值成反比，孔径值越大，光圈值越小。

提　示

在真实摄像机中，增大光圈数值会允许进入更多的光，这会影响曝光度，在 After Effects 中将忽略此光圈值更改的结果。

模糊层次：用于设置景深模糊的程度。数值越大，景深效果越明显，降低值可减少模糊程度。

单位：设置摄像机时所采用的测量单位，包括【像素】【英寸】和【毫米】。

量度胶片大小：用于描述胶片大小的尺寸，包括【水平】【垂直】和【对角】。

7.3.3 ▶ 设置摄像机运动

在使用真实的摄像机进行拍摄时，经常会使用到一些运动镜头来增加画面的动感，常见的运动镜头有推、拉、摇、移，当在合成中创建了三维图层和摄像机后，就可以使用摄像机移动工具进行模拟操作。

推镜头：是在视频制作中经常使用到的方法之一，使摄像机镜头与画面逐渐靠近，画面内的景物逐渐放大，使观众的视线从整体看到某一布局。在 After Effects 中有两种方法可以实现推镜头的效果，一种是通过改变摄像机图层的 Z 轴参数来完成，使摄像机向被拍摄物体移动，从而达到主体物被放大的效果；另一种是保持摄像机的位置参数不变，通过修改摄像机选项中的缩放参数来实现推镜头的效果，这种方法保证了摄像机与被拍摄物体之间的位置不变，但会造成画面的透视关系的变化。

拉镜头： 摄影机在拍摄时通过向后移动，逐渐远离被拍摄主体，画面从一个局部逐渐扩展，景别逐渐扩大，观众视点后移，就会看到局部和整体之间的联系。拉镜头的操作方法与推镜头正好相反。

摇镜头： 当单个静止画面中不能包含所要拍摄的对象时，或拍摄的对象是运动的，可以通过保持摄像机的机位不动，变动摄像机镜头轴线的方法来实现。在 After Effects 中，可以通过移动摄像机的目标兴趣点来模拟摇镜头的效果。

移镜头： 当在水平方向和垂直方向上按照一定的运动轨迹进行拍摄时，机位发生变化，边移边拍摄的方法被称为移镜头。

在工具栏中，单击【摄像机工具】，在弹出的下拉列表中是常用的摄像机操作工具。用户也可以通过按住键盘上的 C 键循环切换摄像机图层的控制工具，如图 7-32 所示。

图 7-32

统一摄像机工具： 在各种摄像机工具之间切换的最简便方法是选择合并摄像机工具，然后使用鼠标上的 3 个按键，分别对摄像机进行旋转（鼠标左键）、XY 轴向上的平移（鼠标滚轮）及 Z 轴上的推拉（鼠标右键）。

轨道摄像机工具： 使用该工具，可以通过围绕目标点移动来旋转三维视图或摄像机。

跟踪 XY 摄像机工具： 使用该工具可以在水平或垂直方向上调整三维视图或摄像机。

跟踪 Z 摄像机工具： 使用该工具可以沿 Z 轴将三维视图或摄像机调整到目标点。

7.4　灯光

灯光图层的创建，可以配合三维图层的质感属性，从而影响三维图层表面的颜色。用户可以为三维图层添加灯光照明效果，模拟更加真实的自然环境。

7.4.1　创建灯光

当用户需要为合成添加灯光照明时，可以执行【图层】>【新建】>【灯光】命令，如图 7-33 所示。用户也可以在【时间轴】面板中的空白区域单击鼠标右键，在弹出的菜单中选择【新建】>【灯光】命令，来完成灯光图层的创建。

图 7-33

提　示

在【时间轴】面板中双击灯光图层，或选择灯光图层，执行【图层】>【灯光设置】命令，可以修改灯光设置。

7.4.2 ▷ 灯光属性

在【灯光设置】对话框中，可以设置灯光的类型、强度等参数，如图 7-34 所示。

名称：设置灯光的名称。

灯光类型：设置灯光的类型，包括【平行】【点】【聚光】【环境】4 种类型。

平行：平行光可以理解为太阳光，光照范围无限，可照亮场景中的任何地方且光照强度无衰减，如图 7-35 所示。

点：点光源从一个点向四周 360° 发射光线，类似于裸露的灯泡的照射效果，被照射物体的光照强度会随着距离的增加而产生衰减效果，如图 7-36 所示。

图 7-34

图 7-35

图 7-36

聚光：聚光灯发射的光线与手电筒发射的圆锥形的光线类似，光线具有明显的方向性，根据圆锥的角度确定照射范围，可通过【锥形角度】调整范围，这种光容易生成有光区域和无光区域，如图 7-37 所示。

环境：是有助于提高场景的总体亮度且不投影的光照，没有方向性，如图 7-38 所示。

图 7-37

图 7-38

颜色：设置灯光的颜色。

强度：设置灯光的强度，数值越大，强度越高。

> **提 示**
>
> 如果将【强度】设置为负值，灯光不会产生灯光效果，并且会吸收场景中的亮度。

锥形角度： 用于设置圆锥的角度，当灯光为聚光灯时此项激活，用于控制光照范围。

锥形羽化： 用于设置聚光灯光照的边缘柔化，一般与锥形角度配合使用，为聚光灯照射的区域和不照射的区域的边界设置柔和的过渡效果。羽化值越大，边缘越柔和。

衰减： 用于设置除环境光以外的灯光衰减。包括【无】【平滑】【反向平方限制】3 个选项。其中，【无】表示灯光在发射过程中不产生任何衰减。【平滑】表示从衰减距离开始平滑线性衰减至无任何灯光效果。【反向平方限制】表示从衰减位置开始按照比例减少直至无任何灯光效果。

半径： 用于设置光照衰减的半径。在指定距离内，灯光不产生任何衰减。

衰减距离： 用于设置光照衰减的距离。

投影： 用于设置灯光是否投射阴影。需要注意的是，只有被灯光照射的三维图层的质感属性中的投射阴影选项打开时才可以产生投影。

阴影深度： 用于设置阴影的浓度，数值越高，阴影效果越明显。

阴影扩散： 用于设置阴影边缘的羽化程度，阴影扩散值越高，边缘越柔和。

| 7.5　综合实战：云海穿梭   Q   ➡

素材文件： 实例文件 / 第 07 章 / 综合实战 / 云海穿梭

案例文件： 实例文件 / 第 07 章 / 综合实战 / 云海穿梭 / 云海穿梭 .aep

教学视频： 多媒体教学 / 第 07 章 / 综合实战 / 云海穿梭 / 云海穿梭 .mp4

技术要点： 三维图层的综合应用

本案例是制作云素材作为粒子外形，模拟云层效果。通过摄像机移动，模拟云层穿梭效果，如图 7-39 所示。

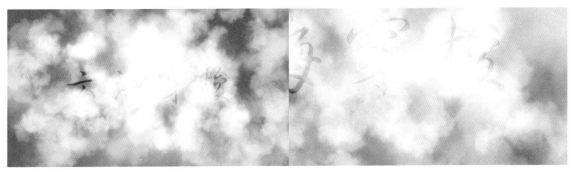

图 7-39

操作步骤：

STEP 1 双击【项目】面板，导入"云 .jpg"素材，以素材大小创建合成，并将【持续时间】设置为 0:00:10:00，如图 7-40 所示。

STEP 2 在【时间轴】面板中单击鼠标右键，在弹出的菜单中选择【新建】>【纯色】命令，将纯色颜色设置为白色并放置于"云 .jpg"图层下方，如图 7-41 所示。

STEP 3 在【时间轴】面板中选择"白色 纯色 1"，执行【图层】>【跟踪遮罩】>【亮度遮罩】命令，如图 7-42 所示。

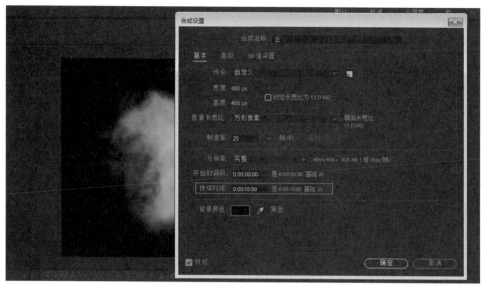

图 7-40

图 7-41

图 7-42

STEP 4 新建合成，将【合成名称】设置为"云海穿梭"，选择【预设】的合成参数为"HDV/HDTV 720 25"，将【持续时间】设置为 0:00:10:00，如图 7-43 所示。

STEP 5 在【时间轴】面板中单击鼠标右键，在弹出的菜单中选择【新建】>【纯色】命令，将纯色图层【名称】设置为"粒子发射"，【颜色】为黑色，如图 7-44 所示。

图 7-43

图 7-44

STEP 6 将"云"合成拖曳至"云海穿梭"合成中并取消图层显示。选择"粒子发射"图层，在

【时间轴】面板中单击鼠标右键，在弹出的菜单中选择【效果】>【RG Trapcode】>【Particular】命令，在【Emitter】属性组中，设置【Particles/sec】为 150，【Emitter Type】为 Box，【Velocity】为 0，【Velocity Random】为 0，【Velocity Distribution】为 0，【Emitter Size】为 XYZ Individual，【Emitter Size X】为 2000，【Emitter Size Y】为 1000，【Emitter Size Z】为 3000，如图 7-45 所示。

STEP 7 在【Particle】属性组中，设置【Life[sec]】为 10，【Particle Type】为 Sprite，【Layer】为 "2 云" 图层，【Random Rotation】为 50，【Size】为 220，【Size Random[%]】为 46，【Opacity】为 80，【Opacity Random[%]】为 10，【Blend Mode】为 Screen，如图 7-46 所示。

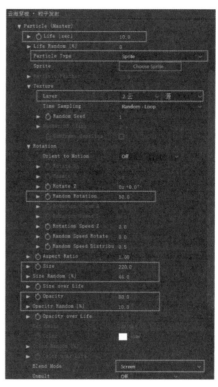

图 7-45　　　　　　　　　　　　　　　图 7-46

STEP 8 将【当前时间指示器】移动至 0:00:01:00 位置，激活【Particles/sec】属性的【时间变化秒表】按钮；将【当前时间指示器】移动至 0:00:01:01 位置，将【Particles/sec】设置为 0，如图 7-47 所示。

图 7-47

STEP 9 在【时间轴】面板中单击鼠标右键，在弹出的菜单中选择【新建】>【摄像机】命令，将【预设】设置为 35 毫米，如图 7-48 所示。

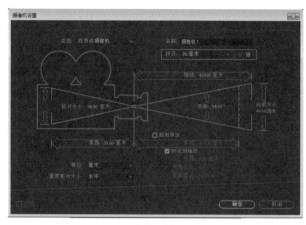

图 7-48

STEP 10 将【当前时间指示器】移动至 0:00:01:00 位置，激活【位置】属性的【时间变化秒表】按钮，将【位置】设置为 (280,360, -2500)，将【目标点】设置为 (1120,324,3000)，如图 7-49 所示。

图 7-49

STEP 11 将【当前时间指示器】移动至 0:00:04:00 位置，将【位置】设置为 (1167,620,-2500)，如图 7-50 所示。

图 7-50

STEP 12 将【当前时间指示器】移动至 0:00:09:00 位置，将【位置】设置为 (1167,429,27)，如图 7-51 所示。

STEP 13 在【时间轴】面板中，设置工作和预览范围为 0:00:01:00 位置至 0:00:09:00 位置，如图 7-52 所示。

图 7-51

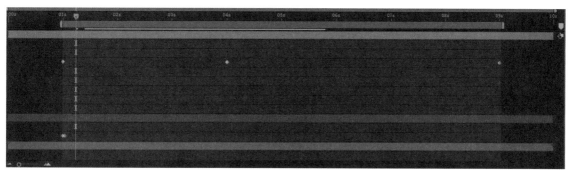

图 7-52

STEP 14 在【时间轴】面板中单击鼠标右键，在弹出的菜单中选择【新建】>【纯色】命令，将纯色图层【名称】设置为"背景"，【颜色】设置为 (R:0,G:91, B:121)，将"背景"图层放置于合成的最下方，如图 7-53 所示。

STEP 15 在【时间轴】面板中单击鼠标右键，在弹出的菜单中选择【新建】>【调整图层】命令，将调整图层【名称】设置为"辉光"。选择"辉光"图层，在

图 7-53

【时间轴】面板中单击鼠标右键,在弹出的菜单中选择【效果】>【RG Trapcode】>【Shine】命令, 在【效果控件】面板中, 设置【Source Point】为 (1060,108),【Boost light】为 0.5, 如图 7-54 所示。

图 7-54

STEP 16 选择"辉光"图层，使用【钢笔工具】绘制遮罩，将【遮罩羽化】设置为 (228,228)，如图 7-55 所示。

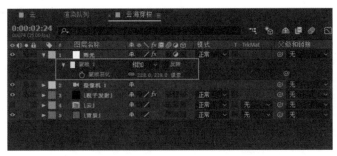

图 7-55

STEP 17 将【当前时间指示器】移动至 0:00:01:00 位置，在【时间轴】面板中单击鼠标右键，在弹出的菜单中选择【新建】>【文本】命令，输入文字"云海穿梭"，选择合适的字体，将【字体大小】设置为 434，【填充颜色】设置为黑色。将文本图层转换为三维图层，设置混合模式为【叠加】，设置【位置】为 (678,485,181)，如图 7-56 所示。

图 7-56

至此，本案例制作完成，我们可以单击【播放】按钮，观察动画效果。

第 8 章

蒙版和跟踪遮罩

在 After Effects 中，经常会出现多个图像在同一合成中同时显示的情况。由于素材的来源较广，不是所有的素材都带有 Alpha 通道信息，在处理图像遮挡关系的时候，蒙版在动画合成中得到了广泛地应用。使用蒙版可以使图像中的局部进行显示或隐藏，还可以利用蒙版工具创建动画效果。使用跟踪遮罩可以将一个图层的 Alpha 信息或亮度信息作为另一个图层的透明度信息，在处理图像的遮挡关系时，也会经常使用。本章主要对蒙版和跟踪遮罩的具体应用做讲解。

8.1 创建与设置蒙版

8.1.1 蒙版的概念

After Effects 中的蒙版，用于控制图层的显示范围。蒙版是一个封闭的路径，默认情况下，路径内的图像为不透明，路径以外的区域为透明。如果路径不是闭合状态，则蒙版不起作用，如图 8-1 所示。

> **提示**
>
> 如果路径不是闭合状态，往往被用于其他效果运动所依据的路径，如路径文字动画效果等。闭合路径不仅可以作为蒙版使用，也可以作为其他效果的运动路径使用。

图 8-1

8.1.2 创建蒙版

创建蒙版的方式主要分为以下几种。

1. 使用形状工具创建图层蒙版

使用形状工具创建图层蒙版时，需要在【时间轴】面板中选择创建蒙版的图层，在工具栏中选择任意形状工具进行拖曳绘制即可，如图 8-2 所示。

图 8-2

※ 技术专题 创建蒙版

(1) 形状工具包括【矩形工具】【圆角矩形工具】【椭圆工具】【多边形工具】和【星形工具】，使用快捷键 Q，可以激活和循环切换形状工具。

(2) 选择需要创建蒙版的图层，在形状工具中双击，可以在当前图层中创建一个最大的蒙版。

(3) 在【合成】面板中，按住 Shift 键，可以使用形状工具创建出等比例的蒙版形状；按住 Ctrl 键，可以以单击鼠标左键确定的第一个点为中心创建蒙版。

2. 使用钢笔工具创建图层蒙版

使用【钢笔工具】可以创建出任意形状的蒙版，但【钢笔工具】所绘制的路径必须为闭合状态。使用【钢笔工具】创建图层蒙版时，需要在【时间轴】面板中选择创建蒙版的图层，绘制出一个闭合的路径即可，如图 8-3 所示。

图 8-3

3. 自动追踪创建图层蒙版

执行【自动追踪】命令可以根据图层的 Alpha、红色、蓝色、绿色和亮度信息生成一个或多个蒙版，如图 8-4 所示。

在【时间轴】面板中选择需要添加蒙版的图层，执行【图层】>【自动追踪】命令，在弹出的【自动追踪】对话框中设置自动追踪参数。该命令将根据图层的信息自动生成蒙版，如图 8-5 所示。

图 8-4

※ 参数详解

当前帧：只对当前帧进行自动追踪创建蒙版。

工作区：对整个工作区进行自动追踪，适用于带动画效果的图层。

通道：用于设置追踪的通道类型，包括【Alpha】【红色】【绿色】【蓝色】和【明亮度】。当勾选【反转】复选框时，将反转蒙版。

图 8-5

模糊：勾选该复选框，将模糊自动追踪前的像素，对原始图像做虚化处理。可以使自动追踪的结果更加平滑；取消勾选该复选框，在高对比图像中得到的追踪结果更为准确。

容差：用于设置判断误差和界限的范围。

最小区域：设置蒙版的最小区域值，如最小区域为 8，则宽高小于 4×4px 将被自动删除。

阈值：以百分比来确定透明区域和不透明区域，高于该阈值的区域为不透明区域，低于该阈值的区域为透明区域。

圆角值：用于设置蒙版的转折处的圆滑程度，数值越高，转折处越平滑。

应用到新图层：勾选该复选框，将把自动跟踪创建的蒙版保存到一个新固态层中。

预览：勾选该复选框，可以预览自动追踪的结果。

4. 新建蒙版

在【时间轴】面板中选择需要创建蒙版的图层，执行【图层】>【蒙版】>【新建蒙版】命令，此时将创建出一个与图层大小相等的矩形蒙版，如图 8-6 所示。

5. 从第三方软件创建蒙版

图 8-6

用户可以从 Illustrator、Photoshop 或 Fireworks 中复制路径并将其作为蒙版路径或形状路径粘贴到 After Effects 中。

(1) 在 Illustrator、Photoshop 或 Fireworks 中，选择某个完整路径，然后执行【编辑】>【拷贝】命令。

(2) 在 After Effects 中，执行以下任意操作来定义【粘贴】操作的目标。

选择任意图层，将在该图层上创建新蒙版。

要替换现有的蒙版路径或形状路径，选择其【蒙版路径】属性即可。

(3) 执行【编辑】>【粘贴】命令，如图 8-7 所示。

图 8-7

8.1.3　编辑蒙版

创建完蒙版之后，在【时间轴】面板中选择被添加蒙版的图层，展开图层属性组，将会显示【蒙版】选项组，用户可以通过设置其属性来调整蒙版的效果，如图 8-8 所示。

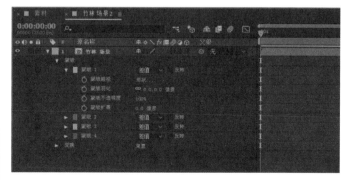

> **技　巧**
>
> 选择被添加蒙版的图层，按 M 键可以显示图层添加的蒙版，连续按 M 键两次可以展开蒙版属性。

图 8-8

1. 蒙版路径

用于设置蒙版的路径范围和形状。单击【蒙版路径】右侧的【形状】选项，将弹出【蒙版形状】对话框，如图 8-9 所示。

在【定界框】选项组中，可以设置蒙版形状的尺寸大小；在【形状】选项组中，勾选【重置为】复选框，可以将选定的蒙版形状替换为椭圆或矩形。

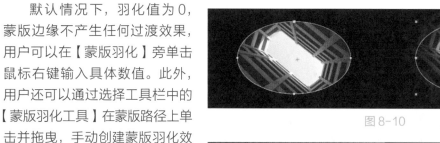

图 8-9

2. 蒙版羽化

用于设置蒙版边缘的羽化效果，可以对蒙版边缘进行虚化处理。羽化值越大，虚化范围越大；羽化值越小，虚化范围越小，如图 8-10 所示。

默认情况下，羽化值为 0，蒙版边缘不产生任何过渡效果，用户可以在【蒙版羽化】旁单击鼠标右键输入具体数值。此外，用户还可以通过选择工具栏中的【蒙版羽化工具】在蒙版路径上单击并拖曳，手动创建蒙版羽化效果，如图 8-11 所示。

图 8-10

3. 蒙版不透明度

用于设置蒙版的不透明程度。默认情况下，为图层添加蒙版后，蒙版中的图像为 100% 显示，蒙版外的图像完全不显示。用户可以在【蒙版不透明度】旁单击鼠标右键输入具体数值，数值越小，蒙版内的图像显示越不明显，当数值为 0 时，蒙版内的图像完全透明，如图 8-12 所示。

图 8-11

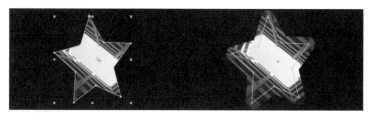

图 8-12

4. 蒙版扩展

调整蒙版的扩展程度。输入正值为扩展蒙版的区域，数值越大，扩展区域越多；输入负值为收缩蒙版的区域，数值越大，收缩的区域越多，如图 8-13 所示。

图 8-13

8.1.4 ▶ 蒙版叠加模式

当一个图层中具有多个蒙版时，可以通过选择叠加模式来使蒙版之间产生叠加运算效果。在【时间轴】面板中，单击蒙版名称右侧的下拉按钮，在其下拉列表中选择相应的模式，即可调整蒙版的叠加模式。蒙版与在【时间轴】面板的堆栈顺序中位于它上方的蒙版运算。蒙版的叠加模式只在同一图层的蒙版之间计算，如图 8-14 所示。

　　无：选择该选项，蒙版路径将只作为路径使用，不产生局部区域显示效果，如图 8-15 所示。

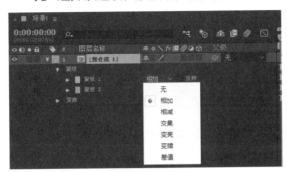

图 8-14

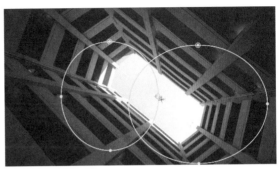

图 8-15

　　相加：选择该选项，当前图层的蒙版区域将与上面的蒙版区域进行相加处理，如图 8-16 所示。
　　相减：选择该选项，当前图层的蒙版区域将与上面的蒙版区域进行相减处理，如图 8-17 所示。

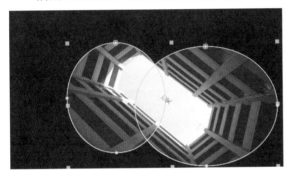

图 8-16

图 8-17

　　交集：选择该选项，只显示当前蒙版与上面的蒙版的重叠部分，其他部分将被隐藏，如图 8-18 所示。
　　变亮：选择该选项，对于可视区域，【变亮】模式与【相加】模式相同，对于蒙版重叠处的不透明度采用不透明度较高的值，如图 8-19 所示。

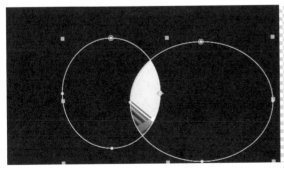

图 8-18

图 8-19

　　变暗：选择该选项，对于可视区域，【变暗】模式与【交集】模式相同，对于蒙版重叠处的不透明度采用不透明度较低的值。如图 8-20 所示。

差值： 选择该选项，在蒙版与它上方的多个蒙版重叠的区域中，蒙版从它上方的蒙版的相交部分减去，如图 8-21 所示。

图 8-20

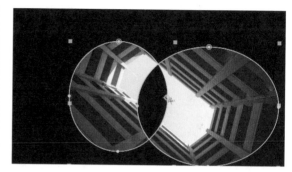

图 8-21

练习8-1 探照灯

素材文件： 实例文件 / 第 08 章 / 练习 8-1

案例文件： 实例文件 / 第 08 章 / 练习 8-1/ 探照灯 .aep

教学视频： 多媒体教学 / 第 08 章 / 探照灯 .mp4

技术要点： 蒙版动画

操作步骤：

STEP 1 打开项目"探照灯 .aep"，如图 8-22 所示。

STEP 2 在【时间轴】面板中选择"素材 .jpg" 图层，执行【编辑】>【重复】命令，复制图层并重命名为"照射区域"，将"素材"图层【不透明度】设置为 40%，如图 8-23 所示。

STEP 3 在【时间轴】面板中选择"照射区域" 图层，执行【图层】>【混合模式】>【变亮】命令，如图 8-24 所示。

图 8-22

图 8-23

图 8-24

STEP 4 在【时间轴】面板中选择"照射区域"图层，选择【椭圆工具】绘制蒙版，如图 8-25 所示。

STEP 5 选择"照射区域"图层中的"蒙版 1"，在 0:00:00:00 位置激活【蒙版路径】前的【时间变化秒表】按钮，在 0:00:03:00 位置移动"蒙版 1"到合成最右侧，单击【播放】按钮，预览动画效果，使用快捷键 Ctrl+M 将合成添加至渲染队列并输出，如图 8-26 所示。

图 8-25　　　　　　　　　　　　　　　图 8-26

8.2　跟踪遮罩

跟踪遮罩以一个图层的 Alpha 信息或亮度信息来影响另一个图层的显示状态。当为图层应用跟踪遮罩后，上层图层将取消显示，如图 8-27 所示。

图 8-27

8.2.1　应用 Alpha 遮罩

选择下层的图层，执行【图层】>【跟踪遮罩】>【Alpha 遮罩】命令，上一层图层的 Alpha 信息将作为底层图层的遮罩，如图 8-28 所示。

图 8-28

选择下层的图层，执行【图层】>【跟踪遮罩】>【Alpha 反转遮罩】命令，上一层图层的 Alpha 信息将反转并作为底层图层的遮罩，如图 8-29 所示。

图 8-29

8.2.2　应用亮度遮罩

应用亮度遮罩时，当颜色值为纯白时，下层图层将被完全显示；当颜色值为纯黑时，下层图层将变成透明，【亮度反转遮罩】与其相反。

选择下层的图层，执行【图层】>【跟踪遮罩】>【亮度遮罩】命令，上一层图层的亮度信息将作为下层图层的蒙版，如图 8-30 所示。

图 8-30

选择下层的图层，执行【图层】>【跟踪遮罩】>【亮度反转遮罩】命令，上一层图层的亮度信息将反转并作为下层图层的蒙版，如图 8-31 所示。

图 8-31

提 示

在【时间轴】面板中单击【切换开关/模式】按钮，可以为指定图层添加跟踪遮罩，如图 8-32 所示。

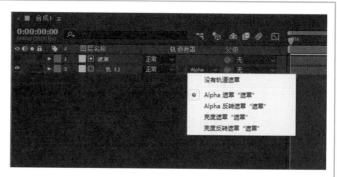

图 8-32

练习8-2 **遮罩动画**

素材文件： 实例文件 / 第 08 章 / 练习 8-2

案例文件： 实例文件 / 第 08 章 / 练习 8-2/ 遮罩动画 .aep

教学视频： 多媒体教学 / 第 08 章 / 遮罩动画 .mp4

技术要点： 应用 Alpha 遮罩

操作步骤：

STEP 1 打开配套资源中的"实例文件 / 第 08 章 / 练习 8-2/ 遮罩动画 .aep"文件，如图 8-33 所示。

STEP 2 选择"文字 1"图层和"文字 2"图层，将【当前时间指示器】移动至 0:00:00:20 位置，激活【位置】属性的【时间变化秒表】按钮；将【当前时间指示器】移动至 0:00:01:02 位置，将"文字 1"图层【位置】设置为 (426,312)，

图 8-33

将"文字 2"图层【位置】设置为 (833,312)，如图 8-34 所示。

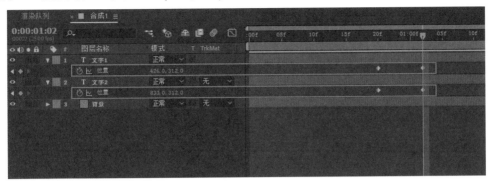

图 8-34

STEP 3 选择"文字 2"图层，将【当前时间指示器】移动至 0:00:01:09 位置，在当前时间添加关键帧，如图 8-35 所示。

图 8-35

STEP 4 选择"文字 2"图层，将【当前时间指示器】移动至 0:00:01:16 位置，将【位置】设置为 (833,223)，将【当前时间指示器】移动至 0:00:01:23 位置，在当前时间添加关键帧，如图 8-36 所示。

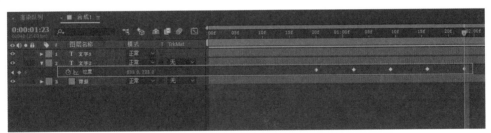

图 8-36

STEP 5 选择"文字 2"图层，将【当前时间指示器】移动至 0:00:02:05 位置，将【位置】设置为 (833,137)，如图 8-37 所示。

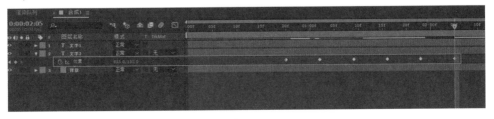

图 8-37

STEP 6 选择"文字 1"和"文字 2"图层【位置】属性的所有关键帧，按 F9 键，修改运动速度，如图 8-38 所示。

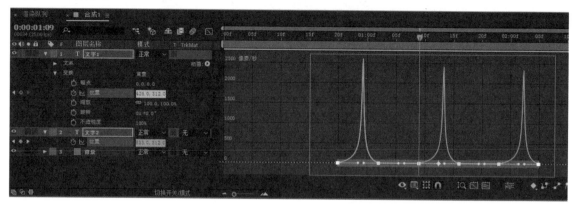

图 8-38

STEP 7 选择"文字 1"和"文字 2"图层，执行【图层】>【预合成】命令，设置【新合成名称】为"文字"，如图 8-39 所示。

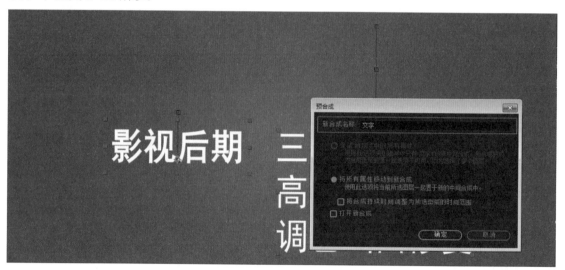

图 8-39

STEP 8 使用【矩形工具】绘制蒙版，如图 8-40 所示。

STEP 9 选择"文字"合成图层，执行【图层】>【跟踪遮罩】>【Alpha 遮罩】命令，将"形状图层 1"的 Alpha 信息作为"文字"合成图层的遮罩，如图 8-41 所示。

STEP 10 单击【播放】按钮，预览动画效果，使用快捷键 Ctrl+M 将合成添加至渲染队列并输出，如图 8-42 所示。

图 8-40

影视后期 高级抠像合成

图 8-41   图 8-42

8.3 综合实战：雪山美景

素材文件：实例文件 / 第 08 章 / 综合实战 / 雪山美景

案例文件：实例文件 / 第 08 章 / 综合实战 / 雪山美景 / 雪山美景 .aep

教学视频：多媒体教学 / 第 08 章 / 雪山美景 .mp4

技术要点：Alpha 遮罩的综合使用

本案例运用 After Effects 中的形状工具创建矢量形状，同时利用合成嵌套和遮罩来模拟水面倒影的效果，如图 8-43 所示。

图 8-43

操作步骤：

STEP 1 打开配套资源中的"实例文件 / 第 08 章 / 综合实战 / 雪山美景 / 雪山美景 .aep"文件，如图 8-44 所示。

STEP 2 选择"雪山"图层，执行【编辑】>【重复】命令复制图层，选择复制的图层，单击鼠标右键，在弹出的菜单中选择【重命名】命令，将【图层名称】设置为"倒影"，如图 8-45 所示。

STEP 3 选择"倒影"图层，将"倒影"图层放置于"雪山"图层下方，取消选择"倒影"图层

图 8-44

的【缩放】属性中的【约束比例】选项，并将【缩放】设置为 (100,-100%)，将【位置】设置为 (640,650)，如图 8-46 所示。

图 8-45

STEP 4 新建合成，执行【合成】>【新建合成】命令，在【合成设置】对话框中，将合成大小设置为 1280×720，设置【合成名称】为"蒙版"，【像素长宽比】为"方形像素"，【持续时间】为 0:00:08:00，如图 8-47 所示。

图 8-46

图 8-47

STEP 5 选择【矩形工具】，拖曳鼠标左键创建形状图层，如图 8-48 所示。

STEP 6 在【时间轴】面板中选择"形状图层 1"，单击【添加】按钮，添加【中继器】效果，在"中继器 1"属性中，将【副本】设置为 15，在"变换：中继器 1"中，将【位置】设置为 (0,39)，如图 8-49 所示。

STEP 7 将"蒙版"合成拖曳至"雪山美景"合成中并放置于"倒影"图层的上一层。将【位

图 8-48

置】设置为 (640,515)，将【当前时间指示器】移动至 0:00:00:00 位置，激活【位置】属性的【时间变化秒表】按钮，如图 8-50 所示。

STEP 8 将【当前时间指示器】移动至 0:00:07:24 位置，选择"蒙版"图层，将【位置】设置为 (640,395)，如图 8-51 所示。

图 8-49

图 8-50

图 8-51

STEP 9 选择"倒影"图层,执行【图层】>【跟踪遮罩】>【Alpha 遮罩】命令,观察【合成】面板中的显示效果,如图 8-52 所示。

图 8-52

STEP 10 选择"倒影"图层，执行【编辑】>【重复】命令，创建"倒影 2"图层。将"倒影 2"图层放置于"倒影"图层下方，如图 8-53 所示。

图 8-53

STEP 11 选择"倒影 2"图层，展开图层中的【变换】属性组，将【位置】参数设置为 (640,610)，如图 8-54 所示。

STEP 12 在【时间轴】面板中的空白区域单击鼠标右键，在弹出的菜单中选择【新建】>【调整图层】命令，创建调整图层，如图 8-55 所示。

图 8-54

STEP 13 选择"调整图层 1"，移动至"雪山"图层下方。执行【效果】>【模糊和锐化】>【快速方框模糊】命令，将【模糊半径】设置为 2，勾选【重复边缘像素】复选框。执行【效果】>【颜色校正】>【亮度与对比度】命令，将【亮度】设置为 -7，【对比度】设置为 8，如图 8-56 所示。

至此，本案例制作完成，我们可以单击【播放】按钮，观察动画效果。

图 8-55

图 8-56

随着影视后期的不断发展，传统的调色技术已经渐渐被数字调色技术所取代。数字调色技术主要分为校色和调色。由于前期拍摄过程中存在一些问题，视频有时会出现偏色的情况，这就需要通过校色来帮助视频恢复原来的色彩。调色用来实现一些特殊的艺术效果，在后期的制作中，调色阶段尤为重要。调色能够从形式上更好地配合画面内容的表达。画面是一部影片最重要的基本元素，画面的颜色效果会直接影响影片的内容。本章将详细地介绍色彩的基础知识以及调色效果的使用。

9.1 色彩基础

9.1.1 色彩

　　色彩是人眼看到光后的一种感觉。这种感觉是人眼所接受到光的折射和心理状况相结合后的产物。光线进入到眼睛后传输至大脑，大脑会对这种刺激产生一种感觉定义，这就是色的意思。随后大脑对刺激程度给出一个强度的变化，而这种变化正是人们对光的理解。

色彩的相关名词

　　三原色： 在色彩中我们把最基础的三种颜色称之为三原色，原色是不能够再分解的基本颜色，并可以合成其他的颜色。通常意义上的三原色为红 (Red)、绿 (Green)、蓝 (Blue) 三种颜色，将三种颜色以不同的比例相加，可以混合出各种颜色，当三种颜色的混合达到一定的程度，可以呈现白光的效果，所以这种颜色模式又被称为加色模式。除了光的三原色外，还有另一种三原色，称颜料三原色。我们看到的印刷的颜色，实际上都是纸张反射的光线，比如我们在画画的时候调颜色，也要用这种组合。颜料吸收光线，而不是将光线叠加，因此颜料的三原色就是能够吸收 RGB 的颜色，为黄、品红、青，它们就是 RGB 的补色，如图 9-1 所示，左边为色光三原色，右边为颜料三原色。

　　间色： 由两个不同的原色相互混合所得出的色彩就是间色，如黄与蓝混合后得绿，蓝与红混合后得紫。

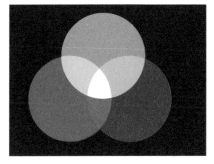

图 9-1

复色： 将不同的两个间色（如紫和绿，绿和橙）或相对应的间色（如黄和紫）相互混合后得出的颜色就是复色。

9.1.2 色彩三要素

通常所说的色彩三要素由色彩的明度、色调（色相）和饱和度（纯度）三部分组成。在日常生活中人眼看到的任何彩色光都是以上三个特性的综合效果。这三个特性即是色彩的三要素。

明度： 我们常说的明度是颜色中亮度和暗度的总和。明度是由颜色中灰度所占的比例决定的。在测试比例中，黑色表示为 0，白色表示为 10，在 0 ~ 10 之间等间隔的排列为 9 个阶段。在色彩上则可分为无色和有色，但要注意，无色仍然存在着明度变化。作为有色，每一种色都有各自的亮度和暗度，并在测试卡上对应相应的位置。处于高位置的颜色明度变化不是很明显，对其他颜色的影响也很细微，不太容易进行辨别。灰度测试卡如图 9-2 所示。

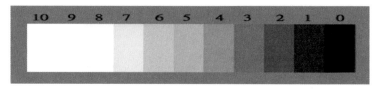

图 9-2

色相： 色彩的呈现原理是基于光的物理反射至视觉神经所形成的一种感觉。由于光波不同，有长短差别就会形成不同的颜色。而这里所说的色相，就是各种不同颜色的差别。在诸多波长中，红色最长，紫色最短，我们把红、橙、黄、绿、蓝、紫和它们之间所对应的中间色，如红橙、黄橙、黄绿、蓝绿、蓝紫、红紫共 12 种颜色称为色相环。在色相环上都是高纯度的色，通常被称为纯色。色相环上的颜色是根据人的视觉及感觉为基准进行等隔排列的。运用色相环可以详细分辨出更多的颜色。以色相环的中心为基点，在 180° 位置的两种颜色被称为互补色，如图 9-3 所示。

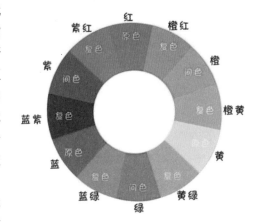

图 9-3

饱和度： 通常情况下一般使用彩度表示颜色的鲜艳程度并且用不同的数值进行区分。每一种色彩都有其对应的彩度值，而无色彩的彩度值会用 0 来表示。一般我们用颜色中所含灰色的程度来区别色彩的纯度高低。决定彩度值的因素有很多，通常不同的色相是彩度值最明显的差异表现。在相同色相的情况下，不同的明度又会导致明显的彩度变化，如图 9-4 所示。

9.1.3 色彩三要素的应用空间

通常，合理运用颜色可以表现出不同的效果，如利用色彩表现前后空间感，我们就可以通过明度、纯度、色相、冷暖和形状等因素来表达。

（1）在利用色彩明度进行空间表达时应注意，高明

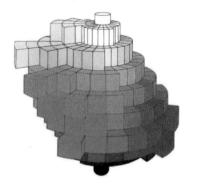

图 9-4

度颜色在空间上有靠前的感觉，而低明度颜色则在空间上有靠后的感觉。

（2）在利用冷暖颜色进行对比时应注意，偏暖的颜色在空间上会带来靠前的感觉，而偏冷的颜色在空间上会带来靠后的感觉。

（3）在利用颜色纯度进行对比时应注意，纯度高的颜色会带来靠前的感觉，纯度低的颜色则会带来靠后的感觉。

（4）从画面来说，色彩统一完整就会带来靠前的感觉，而色彩零碎、边缘模糊就会带来靠后的感觉。

（5）从透视关系来说，大面积的色彩表现会带来靠前的感觉，而小面积的色彩表现则会带来靠后的感觉。

（6）从形状结构来说，规则有形的图案形状会带来靠前的感觉，而不规则凌乱的图形则会带来靠后的感觉。

※ 技术专题　颜色深度和高动态范围颜色

颜色深度（或位深度）是用于表示像素颜色的每通道位数 (bpc)。每个 RGB 通道（红色、绿色和蓝色）的位数越多，每个像素可以表示的颜色就越多。

在 After Effects 中，用户可以使用每通道 8 位、每通道 16 位或每通道 32 位颜色，如图 9-5 所示。

每通道 8 位的每个颜色通道可以具有从 0(黑色) 到 255(纯饱和色) 的值。每通道 16 位的每个颜色通道可以具有从 0(黑色) 到 32768(纯饱和色) 的值。如果所有三个颜色通道都具有最大纯色值，则结果是白色。每通道 32 位可以具有低于 0 的值和超过 1(纯饱和色) 的值，因此 After Effects 中的每通道 32 位颜色也是高动态范围 (HDR) 颜色，HDR 值可以比白色更明亮。

图 9-5

9.2　基础调色效果

在【颜色校正】滤镜效果中提供了【色阶】【曲线】【色相 / 饱和度】效果，这是最基础的调色滤镜效果。

9.2.1　色阶

通常使用色阶来表现图像的亮度级别和强弱分布，即色彩分布指数。而在数字图像处理软件中，一般多指灰度的分辨率，又称为幅度分辨率或灰度分辨率。在 After Effects 中，可以通过【色阶】效果增加图像的明暗对比度，如图 9-6 所示。

图 9-6

执行【效果】>【颜色校正】>【色阶】命令，在【效果控件】面板中展开效果参数，如图 9-7 所示。

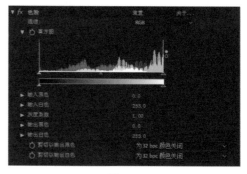

※ 参数详解

通道： 在这一选项中，软件提供了 RGB、红色、绿色、蓝色和 Alpha 5 种可选通道，用户可以根据自身需求来选择通道，从而进行单独通道的调节。

直方图： 用户可以在这一界面直观地看到所选图像的颜色分布情况，如图像的高光区域、阴影区域以及中间区域的亮度情况。通过对不同部分进行调整来改变图像整体的色彩平衡和色调范围。

图 9-7

用户可以通过拖曳滑块进行颜色调整，将暗淡的图像调整为明亮的效果，如图 9-8 所示，从图中可以看到，绝大部分的像素都集中在直方图的左侧区域，右侧区域所分布的像素相对较少，所以照片中呈现出大面积的暗色。

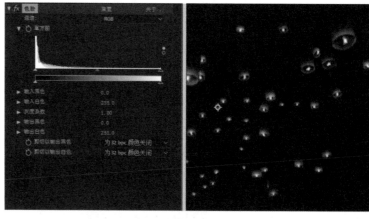

图 9-8

提 示

单击直方图可在以下两个选择之间切换：显示所有颜色通道的直方图着色版本和仅显示在【通道】选项中选择的一个或多个通道的直方图。

输入黑色： 用于调整图像中所添加黑色的比例。

输入白色： 用于调整图像中所添加白色的比例。

灰度系数： 用于调整图像中灰度的参数值，调节图像中阴影部分和高光部分的相对值。

输出黑色： 用于调整整体图像由深到浅的可见度，数值越高，整体图像越亮，直至最后图像整体变成白色。

输出白色： 用于调整整体图像由浅到深的可见度，数值越低，整体图像越暗，直至最后图像整体变成黑色。

剪切以输出黑色 / 剪切以输出白色： 用于确定明亮度值小于【输入黑色】值或大于【输入白色】值的像素的结果。如果已打开剪切功能，则会将明亮度值小于【输入黑色】值的像素映射到【输出黑色】值；将明亮度值大于【输入白色】值的像素映射到【输出白色】值。如果已关闭剪切功能，则生成的像素值会小于【输出黑色】值或大于【输出白色】值，并且灰度系数值会发挥作用。

提 示

在【颜色校正】效果中，还提供了【色阶 (单独控件)】效果，该效果通过对每一个色彩通道的色阶进行单独调整来设置整体画面的效果，使用方法跟【色阶】效果基本一致，如图 9-9 所示。

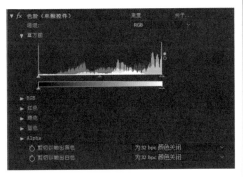

图 9-9

练习9-1　色阶调色

素材文件： 实例文件 / 第 09 章 / 练习 9-1
案例文件： 实例文件 / 第 09 章 / 练习 9-1/ 色阶调色 .aep
教学视频： 多媒体教学 / 第 09 章 / 色阶调色 .mp4
技术要点： 色阶工具
操作步骤：

`STEP 1` 打开项目"色阶调色 .aep"，如图 9-10 所示。

`STEP 2` 选择"素材"图层，执行【效果】>【颜色校正】>【色阶】命令，将【输入黑色】设置为 56，【输入白色】设置为 231，如图 9-11 所示。

图 9-10

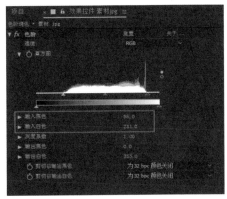

图 9-11

STEP 3 本练习效果如图 9-12 所示。

图 9-12

9.2.2 曲线

在 After Effects 中用户可以通过曲线控制效果，从而灵活地调整图像的色调范围。用户可以使用这一功能对图像整体或者单独通道进行调整。在对颜色进行精确调整时用户可以赋予暗淡的图像新的活力，如图 9-13 所示。

执行【效果】>【颜色校正】>【曲线】命令，在【效果控件】面板中展开效果参数。曲线左下角的端点代表图像中的暗部区域，右上角的端点代表图像中的高光区域。往上移动点会使图像变亮，往下移动点会使图像变暗，使用 S 形曲线会增加图像的明暗对比度，如图 9-14 所示。

图 9-13

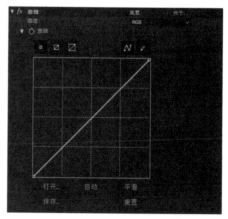

图 9-14

※ 参数详解

通道： 提供了 RGB、红色、绿色、蓝色和 Alpha 5 种可选通道，用户可以根据自身需求来选择通道，从而进行单独通道的调节。

曲线工具： 增加或者删减曲线的节点，通过设定不同的节点用户可以更加精确地对图像进行调控。

铅笔工具： 对曲线进行自定义绘画。

打开： 导入之前设定的曲线文件。

保存： 对设定好的曲线进行保存。

平滑： 对已修改的参数做出缓和处理，使画面中修改的效果更加平滑。

自动： 自动调整曲线。

重置： 对已修改的参数进行还原设置，会把所有参数还原到未修改前的数值。

> **提　示**
>
> 　S 形曲线可以降低暗部区域的亮度值，增加亮部区域的输出亮度，从而增大图像的明暗对比度。

9.2.3　色相 / 饱和度

用户可以通过【色相 / 饱和度】效果来完成对图像色彩的调节，如图 9-15 所示。

执行【效果】>【颜色校正】>【色相 / 饱和度】命令，在【效果控件】面板中展开效果参数，如图 9-16 所示。

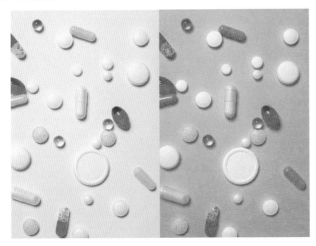

图 9-15

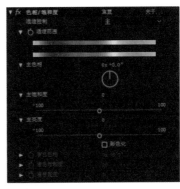

图 9-16

※ 参数详解

【着色色相】【着色饱和度】【着色亮度】这 3 个选项需要用户勾选【彩色化】复选框后才可以进行调节。【彩色化】选项可以让转换为 RGB 图像的灰度图像添加颜色，或为 RGB 图像添加颜色。

通道控制： 提供了主、红色、黄色、绿色、青色、蓝色、洋红 7 种可选通道，用户可以通过【通道范围】选项查看受效果影响的颜色范围。

通道范围： 对图像的颜色进行最大限度的自主选择，显示通道受到效果影响的范围。

主色相： 调节图像的颜色，并可以根据数值进行详细调控。

主饱和度： 调节图像的整体饱和度，调整范围从 −100 至 100。当主饱和度为 −100 时，图像变为黑白图像。

主亮度： 调节图像的整体亮度，调整范围从 −100 至 100。

着色色相： 自主选择所需要的单一色相进行调整修改。

着色饱和度： 对所选色相饱和度进行调整，调整范围从 0 至 100。

着色亮度： 对所选色相的亮度进行调整，调整范围从 −100 至 100。

重置： 对已修改的参数进行还原设置，会把所有参数还原到未修改前的数值。

9.3 常用调色效果

9.3.1 亮度和对比度

用户可以通过【亮度和对比度】效果来完成对图像亮度和对比度的调节。其中亮度是指图像的明亮程度，而对比度则是图像中黑色与白色的分布比值，即颜色的层次变化。比值越大，层次变化就越多，色彩表现就越丰富。【亮度和对比度】效果能够同时调整画面的暗部、中间调和亮部区域，但只能针对单一的颜色通道进行调整，如图 9-17 所示。

图 9-17

※ 参数详解

亮度： 修改目标图像的整体亮度。

对比度： 修改目标图像的对比度，增加图像的层次感，数值越大，对比度越高。

重置： 对已修改的参数进行还原设置，会把所有参数还原到未修改前的数值。

9.3.2 色光

用户可以通过【色光】效果来对图像取样颜色进行转变，可以使用新的渐变颜色对图像进行上色处理，例如彩虹、霓虹灯彩色光的效果，同时可以为其设置动画效果，如图 9-18 所示。

执行【效果】>【颜色校正】>【色光】命令，在【效果控件】面板中展开效果参数，如图 9-19 所示。

图 9-18

图 9-19

※ 参数详解

输入相位： 对图像颜色进行调节。其中包括 4 个可调节选项。【获取相位自】用于自行选择用哪一类元素来产生采光，提供了 10 种可选模式。【添加相位】用于更改图像颜色的来源位置和信息。【添加相位自】用于指定哪一个通道来添加色彩，提供了 10 种可选模式。【添加模式】用于指定彩光的添加模式，提供了 4 种可供选择的模式。【相移】用于通过调整参数来进行图像颜色的改变。

输出循环：对图像颜色进行自定义设置，包括相位、颜色、风格等。其中包括 4 个可调节选项。【使用预设调板】用于图像风格的选择，一共提供了 33 种可选风格。【输出循环】用于自定义颜色的设置。【循环重复次数】用于对循环次数进行更改，数值越高，图像中的杂点越明显。【插值调板】默认为勾选状态，颜色会产生均匀的过渡效果。

修改：对图像颜色参数进行更改。其中包括 3 个可调节选项。【修改】用于对图像中不同的通道进行调整，提供了 14 个选项。【修改 Alpha】用于对图像中的 Alpha 通道进行变更。【更改空像素】用于确定是否对空像素进行更改。

像素选区：用于对图像中的色彩影响范围进行调整。其中包括 4 个可调节选项。【匹配颜色】用于对彩色光的颜色进行指定。【匹配容差】用于对颜色容差进行调整。容差越大，图像颜色范围越广；容差越小，图像颜色范围越小，范围从 0 至 1。【匹配柔和度】用于对图像的柔和度进行调整，柔和度会随着数值的增大而增大，受影响的区域与未受影响的区域将产生柔和的过渡。【匹配模式】用于设置颜色匹配的模式。

蒙版：用于对图像进行蒙版的添加。其中包括 3 个可调节选项。【蒙版图层】用于更改蒙版图层。【蒙版模式】用于设置蒙版的计算方式，系统一共提供了 5 种混合模式。

在图层上合成：使蒙版层在原始图层上进行合成。

与原始图像混合：用于设置完成自定义效果与原图像的混合程度。范围从 0% 至 100%。

重置：对已修改的参数进行还原设置，会把所有参数还原到未修改前的数值。

9.3.3　阴影 / 高光

用户可以通过【阴影 / 高光】效果来对图像的高光和阴影区域进行调整。在高光调控部分，用户可以调整高光区域的层次和颜色，而且这一调整不会影响图像的阴影部分；在阴影调控部分，用户可以根据自身需求更改阴影部分的曝光值。该效果可调节图像中由于灯光太过强烈而产生的灯光轮廓或者图像中阴影区域不清楚的部分，如图 9-20 所示。

图 9-20

执行【效果】>【颜色校正】>【阴影 / 高光】命令，在【效果控件】面板中展开效果参数，如图 9-21 所示。

※ 参数详解

自动数量： 通过分析当前画面，自动调整画面中的阴影和高光所占的比例。需要注意的是，如果用户选择使用系统自动提供的参数，则不可以自行更改【阴影数量】【高光数量】这两个选项的参数。

阴影数量： 决定阴影在图像中所占的比例，数值越大，阴影区域越亮。

图 9-21

高光数量： 决定高光在图像中所占的比例。只对图像的亮部进行调整,数值越大,高光区域越暗。

临时平滑 (秒)： 更改图像的平滑程度。

场景检查： 检测所选场景。

更多选项： 更改更多的参数设置,包含【阴影色调宽度】【阴影半径】【高光色调宽度】【高光半径】【颜色校正】【中间调对比度】【修剪黑色】【修剪白色】共 8 种可调节选项。

与原始图像混合： 设置修改后的效果图与原图像的融合程度，范围从 0% 至 100%。

重置： 对已修改的参数进行还原设置，会把所有参数还原到未修改前的数值。

9.3.4 色调

用户可以通过【色调】效果以指定的颜色替代画面中的黑色部分和白色部分。执行【效果】>【颜色校正】>【色调】命令，在【效果控件】面板中展开效果参数，如图 9-22 所示。

※ 参数详解

将黑色映射到： 以指定的颜色替代图像中的黑色部分。

将白色映射到： 以指定的颜色替代图像中的白色部分。

着色数量： 设置图像染色的程度，100% 为完全染色状态，0% 为不染色状态。

9.3.5 三色调

图 9-22

用户可以通过【三色调】效果来对图像中高光、中间调和阴影区域的颜色进行替换，如图 9-23 所示。

图 9-23

执行【效果】>【颜色校正】>【三色调】命令，在【效果控件】面板中展开效果参数，如图 9-24 所示。

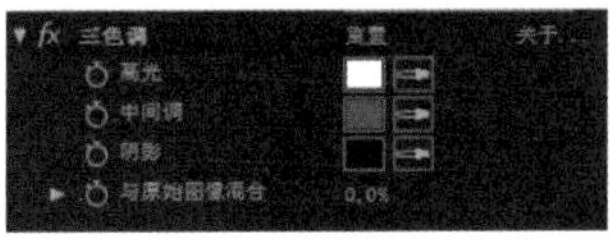

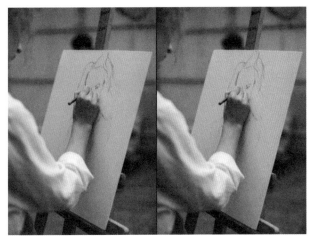

图 9-24

※ 参数详解

高光：更改图像中高光区域的颜色。

中间调：更改图像中中间调区域的颜色。

阴影：更改图像中阴影区域的颜色。

与原始图像混合：设置修改后的效果与原始图像的混合程度，范围从 0% 至 100%。

重置：对已修改的参数进行还原设置，会把所有参数还原到未修改前的数值。

9.3.6　照片滤镜

用户可以通过【照片滤镜】效果为图像添加一个滤镜，以达到图像色调统一的目的，如图 9-25 所示。

图 9-25

执行【效果】>【颜色校正】>【照片滤镜】命令，在【效果控件】面板中展开效果参数，如图 9-26 所示。

图 9-26

※ 参数详解

滤镜：为图像添加所需要的颜色滤镜，共 20 种默认效果以及自定义选项可供用户选择。

颜色：设置所选滤镜的颜色。需要注意的是【颜色】只有在【滤镜】选择为【自定义】时才能被激活。

密度：更改颜色的附着强度，颜色强度会随着此项数值的增大而增大。调整范围为 0% 至 100%。

保持发光度：对图像的整体亮度进行调控，可以在改变颜色的情况下仍旧保持原有的明暗关系。

重置：对已修改的参数进行还原设置，会把所有参数还原到未修改前的数值。

9.3.7　颜色平衡

用户可以通过【颜色平衡】效果控制红、绿、蓝在阴影、中间调和高光部分的比重，以此来完成对图像色彩平衡的调节，如图 9-27 所示。

执行【效果】>【颜色校正】>【颜色平衡】命令，在【效果控件】面板中展开效果参数，如图 9-28 所示。

图 9-27

※ 参数详解

阴影红色平衡：用于设定阴影区域的红色平衡数值，范围从 -100 至 100。

阴影绿色平衡：用于设定阴影区域的绿色平衡数值，范围从 -100 至 100。

阴影蓝色平衡：用于设定阴影区域的蓝色平衡数值，范围从 -100 至 100。

图 9-28

中间调红色平衡：用于设定中间调区域的红色平衡数值，范围从 -100 至 100。

中间调绿色平衡：用于设定中间调区域的绿色平衡数值，范围从 -100 至 100。

中间调蓝色平衡：用于设定中间调区域的蓝色平衡数值，范围从 -100 至 100。

高光红色平衡：用于设定高光区域的红色平衡数值，范围从 -100 至 100。

高光绿色平衡：用于设定高光区域的绿色平衡数值，范围从 -100 至 100。

高光蓝色平衡：用于设定高光区域的绿色平衡数值，范围从 -100 至 100。

保持亮度：用于更改是否保持原图像的亮度数值。

重置：对已修改的参数进行还原设置，会把所有参数还原到未修改前的数值。

9.3.8 更改颜色

用户可以通过【更改颜色】效果来完成对图像颜色的转变，也可以将画面中的某个特定颜色替换成另一种颜色，如图 9-29 所示。

执行【效果】>【颜色校正】>【更改颜色】命令，在【效果控件】面板中展开效果参数，如图 9-30 所示。

图 9-29

图 9-30

※ 参数详解

视图： 设置查看图像的方式。【校正的图层】用来观察色彩校正后的显示效果。【颜色校正蒙版】用来观察蒙版效果，也就是图像中被改变的区域。

色相变换： 用于完成对图像色相的调整。

亮度变换： 用于完成对图像亮度的调整。

饱和度变换： 用于完成对图像饱和度的调整。

要更改的颜色： 用于指定替换的颜色。

匹配容差： 用于完成对图像颜色容差度的匹配，即指定颜色的相似程度。范围从 0% 至 100%，数值越大，被更改的区域越大。

匹配柔和度： 用于完成对图像色彩柔和度的调节。范围从 0% 至 100%。

匹配颜色： 用于对颜色进行匹配模式设置，提供了 3 种可调节模式。

反转颜色校正蒙版： 用于对蒙版进行反转，从而反转色彩校正的范围。

重置： 对已修改的参数进行还原设置，会把所有参数还原到未修改前的数值。

9.3.9　自动颜色、自动色阶、自动对比度

1. 自动颜色

【自动颜色】效果可以自动调整目标图像的对比度和颜色，省去了用户手动调整的步骤，节约了用户时间。【自动颜色】效果可以对图像中的阴影、中间调和高光部分进行分析，然后自动调节图像中的对比度和颜色。

执行【效果】>【颜色校正】>【自动颜色】命令，在【效果控件】面板中展开效果参数，如图 9-31 所示。

图 9-31

※ 参数详解

瞬时平滑（秒）： 指定围绕当前帧的持续时间。

场景检测： 默认为非选择状态，勾选该复选框，瞬时平滑在分析周围帧的时候，将忽略超出场景变换的帧。

修剪黑色： 对图像中黑色所占的比例进行调整，调整范围为 0% 至 10%。

修剪白色： 对图像中白色所占的比例进行调整，调整范围为 0% 至 10%。

对齐中性中间调： 默认为非选择状态，勾选该复选框，将确定一个接近中性色彩的平均值，使图像整体色彩保持平衡。

与原始图像混合： 对修改后和未修改的图像进行混合，调整范围为 0% 至 100%。

重置： 对已修改的参数进行还原设置，会把所有参数还原到未修改前的数值。

2. 自动色阶

【自动色阶】效果可以自动调整目标图像的色阶，省去了用户手动调整的步骤，节约了用户时

间。【自动色阶】效果可以按比例来分布中间色阶，并自动将图像各颜色通道中最亮和最暗的值映射为白色和黑色。

执行【效果】>【颜色校正】>【自动色阶】命令，在【效果控件】面板中展开效果参数，如图 9-32 所示。

图 9-32

【自动色阶】的参数与【自动颜色】的参数相同，在此不再详述。

3. 自动对比度

【自动对比度】效果可以自动调整目标图像的整体对比度和颜色混合效果，省去了用户手动调整的步骤，节约了用户时间。

执行【效果】>【颜色校正】>【自动对比度】命令，在【效果控件】面板中展开效果参数，如图 9-33 所示。

图 9-33

【自动对比度】的参数与【自动颜色】的参数相同，在此不再详述。

9.4 综合实战：火焰合成

素材文件： 实例文件 / 第 09 章 / 综合实战 / 火焰合成
案例文件： 实例文件 / 第 09 章 / 综合实战 / 火焰合成 / 火焰合成 .aep
教学视频： 多媒体教学 / 第 09 章 / 综合实战 / 火焰合成 .mp4
技术要点： 调色效果的综合应用

本案例通过【CC 粒子仿真世界】效果模拟火焰，通过调色和粒子模拟火焰细节效果，如图 9-34 所示。

图 9-34

操作步骤：

STEP 1 双击【项目】面板，导入"背景 .jpg"素材，以"背景 .jpg"大小创建合成，将【合成名称】设置为"火焰合成"，【持续时间】设置为 0:00:10:00，如图 9-35 所示。

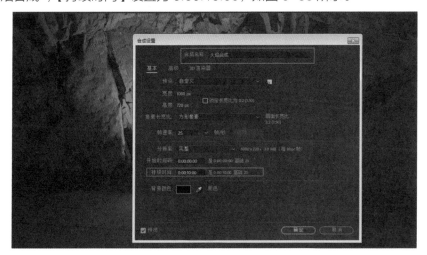

图 9-35

STEP 2 双击【项目】面板，导入"火堆 .tga"素材，在【解释素材】对话框中选择【直接 - 无遮罩】模式，如图 9-36 所示。在【时间轴】面板中，设置"火堆 .tga"图层的【缩放】为 (17,17%),【位置】为 (514,532)。

STEP 3 在【时间轴】面板中单击鼠标右键，在弹出的菜单中选择【新建】>【纯色】命令，将纯色图层【名称】设置为"火焰"，【颜色】设置为黑色，如图 9-37 所示。

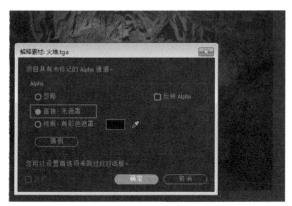

图 9-36

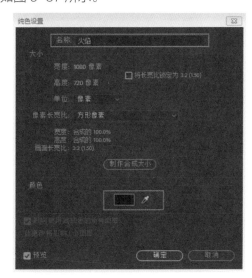

图 9-37

STEP 4 在【时间轴】面板中选择"火焰"图层，执行【效果】>【模拟】>【CC Particle World】命令，如图 9-38 所示。

STEP 5 在【效果控件】面板中，设置【Birth Rate】为 3; 在【Producer】属性组中，设置【Position X】为 -0.03,【Position Y】为 0.17,【Position Z】为 0.05，如图 9-39 所示。

图 9-38

图 9-39

STEP 6 在【Physics】属性组中，设置【Animation】为 Fire，【Velocity】为 0，【Gravity】为 0.14，如图 9-40 所示。

STEP 7 在【Particle】属性组中，设置【Particle Type】为 Lens Bubble，【Death Size】为 0.24，【Size Variation】为 57%，【Max Opacity】为 71%，如图 9-41 所示。

图 9-40

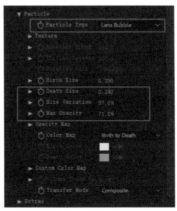

图 9-41

STEP 8 在【时间轴】面板中选择"火焰"图层，执行【效果】>【模糊和锐化】>【快速方框模糊】命令，在【效果控件】面板中，将【模糊半径】设置为 19，【模糊方向】设置为【垂直】，如图 9-42 所示。

STEP 9 在【时间轴】面板中选择"火焰"图层，执行【效果】>【扭曲】>【湍流置换】命令，在【效果控件】面板中，设置【数量】为 77，【大小】为 7，【复杂度】为 1.3，如图 9-43 所示。

图 9-42

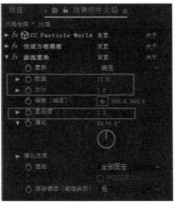

图 9-43

STEP 10 在【时间轴】面板中选择"火焰"图层,按住 Alt 键单击【演化】属性左侧的【时间变化秒表】按钮,输入表达式"time*200",如图 9-44 所示。

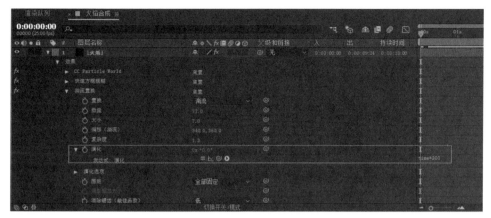

图 9-44

STEP 11 在【时间轴】面板中选择"火焰"图层,执行【效果】>【色彩校正】>【色光】命令,在【效果控件】面板中,设置【获取相位】自 Alpha;在【输出循环】属性组中,设置【使用预设调板】为"火焰",如图 9-45 所示。

图 9-45

STEP 12 在【时间轴】面板中选择"火焰"图层,执行【效果】>【风格化】>【发光】命令,在【效果控件】面板中,设置【发光阈值】为 75%,【发光半径】为 211,【发光强度】为 1,如图 9-46 所示。

STEP 13 在【时间轴】面板中选择"火焰"图层,将混合模式设置为【相加】,如图 9-47 所示。

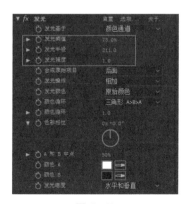

图 9-46

图 9-47

STEP 14 在【时间轴】面板中选择"背景 .jpg"图层，执行【编辑】>【重复】命令，将复制图层重命名为"火焰照明"，将混合模式设置为【相加】，如图 9-48 所示。

STEP 15 在【时间轴】面板中选择"火焰照明"图层，绘制不规则蒙版，设置【蒙版羽化】为(230,230)，在图层【不透明度】属性中输入表达式"wiggle(10,50)"，如图 9-49 所示。

图 9-48

图 9-49

STEP 16 在【时间轴】面板中单击鼠标右键，在弹出的菜单中选择【新建】>【纯色】命令，将纯色图层【名称】设置为"火星"，【颜色】设置为黑色，混合模式设置为【相加】，如图 9-50 所示。

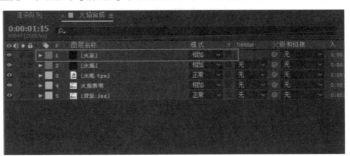

图 9-50

STEP 17 在【时间轴】面板中选择"火星"图层，单击鼠标右键，在弹出的菜单中选择【效果】>【RG Trapcode】>【Particular】命令，在【Emitter】属性组中，设置【Particles/sec】为 110，【Emitter Type】为 Box，【Position】为 (512,435,0)，【Direction】为 Directional，【Direction Spread[%]】为 23，【X Rotation】为 0×+90°，【Velocity】为 120，【Velocity Random[%]】为 80，【Emitter Size X】为 156，如图 9-51 所示。

STEP 18 在【Particular】属性组中，设置【Life[sec]】为 2.5,【Life Random[%]】为 10,
【Particular Type】为 Glow Sphere(NO DOF),【Particular Feather】为 60,【Size】为 2,
【Size Random[%]】为 30，在【Size over life】中绘制线框形态，将【Color】设置为 (R:108,
G:0,B:0),【Blend Mode】设置为 Add，如图 9-52 所示。

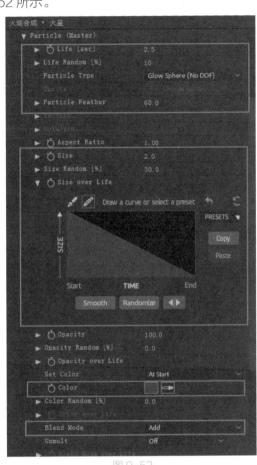

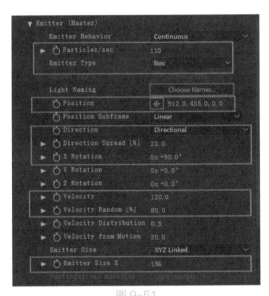

图 9-51　　　　　　　　　　　　图 9-52

至此，本案例制作完成，我们可以单击【播放】按钮，观察动画效果。

第 10 章

抠　　像

在影视特效中，抠像技术被广泛采用。在 After Effects CC 2018 中，提供了多种抠像效果。本章主要对抠像效果命令进行介绍。

| 10.1　抠像技术介绍

"抠像"一词是从早期电视制作中得来的，英文称为"Key"，意思是吸取画面中的某一种颜色作为透明色，将它从画面中抠去，从而使背景透出来，在后期的制作中再加入新的背景，形成特殊的图像合成效果。为了便于我们在后期制作中能够更干净地去除背景颜色，同时不影响主体的颜色

图 10-1

表现，通常情况下，拍摄的素材一般选用单纯均匀的背景颜色。无论是"抠蓝"还是"抠绿"，为了使光线尽可能地分布均匀，往往会在摄影棚内进行拍摄，如图 10-1 所示。

| 10.2　抠像效果组

在 After Effects 中，抠像效果是使图像中的某一部分透明，将所选颜色或亮度从图像中去除，从而实现背景透明的效果。用户可以直接对一段视频做处理，这就极大地缩短了后期制作的时间，最终的抠像结果由前期拍摄素材的质量和后期制作中的抠像技术共同决定，是一种非常有效的实用技术。

图 10-2

用户可以在【时间轴】面板中选择需要添加抠像效果的图层，执行【效果】>【抠像】命令，该效果组为用户提供了 10 种图像处理效果，如图 10-2 所示。

10.2.1 颜色键

【颜色键】可以抠除与指定颜色相似的图像像素，是基础的抠像效果，如图 10-3 所示。

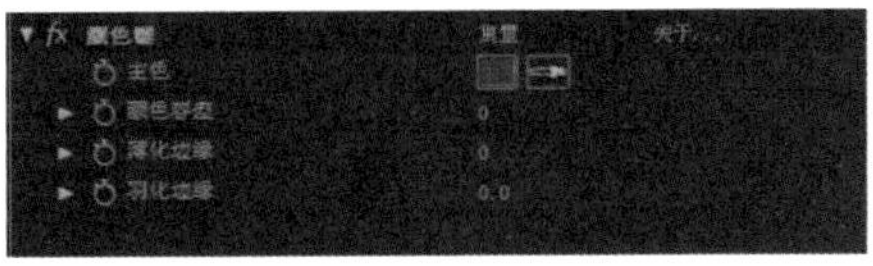

※ 参数详解

主色： 指定抠除的颜色，单击吸管工具，可以吸取屏幕上的颜色，或单击【主色】色板并指定颜色。

图 10-3

颜色容差： 用于设置抠除的颜色范围。数值越低，接近指定颜色的范围越小；数值越大，接近指定颜色的范围越大，抠除的颜色范围越大。

薄化边缘： 用于设置抠除区域的边界的宽度。

羽化边缘： 用于设置边缘的柔化程度，数值越高，边缘越模糊。

> **提　示**
>
> 从 2013 年 10 月版的 After Effects CC 开始，颜色抠像效果已移到旧版效果类别。

10.2.2 亮度键

【亮度键】可以抠除画面中指定亮度的区域，适用于保留区域的图像与抠除背景区域亮度差异明显的素材，如图 10-4 所示。

※ 参数详解

键控类型： 用于指定亮度键的类型，【抠出较暗区域】

图 10-4

将抠除颜色更暗的区域；【抠出较亮区域】将抠除颜色更亮的区域；【抠出亮度相似的区域】将抠除与【阈值】接近的亮度区域；【抠出亮度不同的区域】将保留与【阈值】接近的亮度区域。

阈值： 用于设置遮罩基于的明亮度。

容差： 用于设置抠除的亮度范围。数值越低，接近指定亮度的范围越小；数值越大，接近指定亮度的范围越大，抠除的亮度范围越大。

薄化边缘： 用于设置抠除区域的边界的宽度。

羽化边缘： 用于设置边缘的柔化程度，数值越高，边缘越模糊。

> **提　示**
>
> 从 2013 年 10 月版的 After Effects CC 开始，亮度抠像效果已移到旧版效果类别。使用【颜色键】和【亮度键】进行抠像时，对于抠像素材的要求相对较高，只适合抠除保留区域和抠除区域颜色或明度差异明显的素材，并且只能产生透明和不透明两种效果。对于背景复杂的素材，这两种抠像方式一般得不到很好的效果。

10.2.3 颜色范围

【颜色范围】可以在 Lab、YUV 或 RGB 颜色空间中指定抠除的颜色范围。对于包含多种颜色或亮度不均匀的背景，可以创建透明效果，如图 10-5 所示。

图 10-5

※ 参数详解

预览： 查看图像的抠除情况。黑色部分为抠除区域，白色部分为保留区域，而灰色部分是过渡区域。

模糊： 用于设置边缘的柔化程度。

色彩空间： 指定抠除颜色的模式，包括【 Lab 】【 YUV 】【 RGB 】3 种模式。

最小值 (L,Y,R) 和最大值 (L,Y,R)： 用于设置指定颜色空间的第一个分量。最小值用于设置颜色范围的起始颜色，最大值用于设置颜色范围的结束颜色。

最小值 (a,U,G) 和最大 (a,U,G)： 用于设置指定颜色空间的第二个分量。最小值用于设置颜色范围的起始颜色，最大值用于设置颜色范围的结束颜色。

最小值 (b,V,B) 和最大 (b,V,B)： 用于设置指定颜色空间的第三个分量。最小值用于设置颜色范围的起始颜色，最大值用于设置颜色范围的结束颜色。

> **提 示**
>
> 选择【主色吸管】吸取图像中最大范围的颜色，选择【加色吸管】可以继续添加抠除范围的颜色，选择【减色吸管】可以减去抠除范围中的颜色。

练习10-1 **颜色范围抠像**

素材文件： 实例文件 / 第 10 章 / 练习 10-1

案例文件： 实例文件 / 第 10 章 / 练习 10-1/ 颜色范围抠像 .aep

教学视频： 多媒体教学 / 第 10 章 / 颜色范围抠像 .mp4

技术要点： 颜色范围抠像

操作步骤：

STEP 1 双击【项目】面板，打开"颜色范围抠像 .aep"，如图 10-6 所示。

图 10-6

STEP 2 选择"素材 .jpg"图层，在【时间轴】面板中单击鼠标右键，在弹出的菜单中选择

【效果】>【抠像】>【颜色范围】命令，在【效果控件】面板中，设置【色彩空间】为 RGB，【模糊】为 8，选择【主色吸管】吸取图像中最大范围的颜色，选择【加色吸管】可以继续添加抠除范围的颜色，选择【减色吸管】可以减去抠除范围中的颜色，如图 10-7 所示。

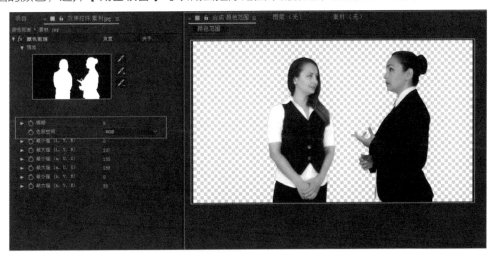

图 10-7

10.2.4 颜色差值键

用户可以通过【颜色差值键】将图像划分为 A、B 两个蒙版来创建透明度信息。蒙版 B 用于指定抠除的颜色，蒙版 A 使透明度基于不含第二种不同颜色的图像区域。结合蒙版 A 和 B 就创建了 α. 蒙版。【颜色差值键】适合处理带有透明和半透明区域的图像，如图 10-8 所示。

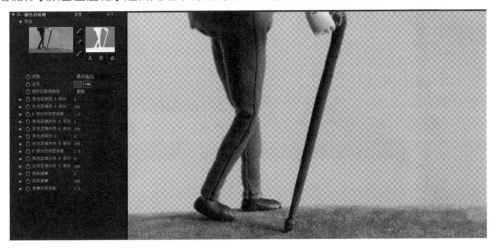

图 10-8

※ 参数详解

视图：设定图像在面板中的查看模式，系统一共提供了 9 种可供选择的样式。

主色：指定抠除的颜色，单击吸管工具，可以吸取屏幕上的颜色，或单击【主色】色板并指定颜色。

颜色匹配准确度：用于对图像中颜色的精确度进行调整，可以通过【更准确】来实现一定程度的溢出控制，系统共提供了【更快】和【更准确】两种模式。

黑色区域的 A 部分：控制 A 通道中的透明区域。

白色区域的 A 部分：控制 A 通道的不透明区域。

A 部分的灰度系数：对图像中的灰度值进行平衡调整。

黑色区域外的 A 部分：控制 A 通道中透明区域的不透明度。

白色区域外的 A 部分：控制 A 通道中不透明区域的不透明度。

黑色的部分 B：控制 B 通道中的透明区域。

白色区域中的 B 部分：控制 B 通道的不透明区域。

B 部分的灰度系数：对图像中的灰度值进行平衡调整。

黑色区域外的 B 部分：控制 B 通道中透明区域的不透明度。

白色区域外的 B 部分：控制 B 通道中不透明区域的不透明度。

黑色遮罩：控制透明区域的范围。

白色遮罩：控制不透明区域的范围。

遮罩灰度系数：对图像的透明区域和不透明区域的灰度值进行平衡调整。

练习10-2 颜色差值抠像

素材文件：实例文件 / 第 10 章 / 练习 10-2

案例文件：实例文件 / 第 10 章 / 练习 10-2/ 颜色差值抠像 .aep

教学视频：多媒体教学 / 第 10 章 / 颜色差值抠像 .mp4

技术要点：颜色差值抠像

操作步骤：

STEP 1 双击【项目】面板，打开"颜色差值抠像 .aep"，如图 10-9 所示。

STEP 2 选择"素材 .jpg"图层，在【时间轴】面板中单击鼠标右键，在弹出的菜单中选择【效果】>【抠像】>【颜色差值键】命令，在【效果控件】面板中，选择【主色吸管】吸取图像中最大范围的背景颜色，如图 10-10 所示。

图 10-9

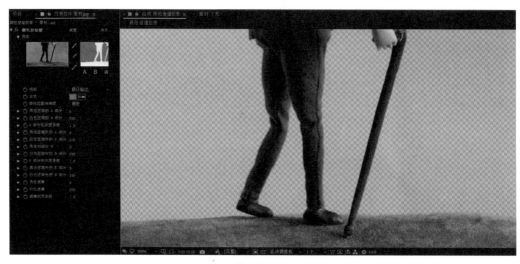

图 10-10

STEP 3 选择"素材 .jpg"图层，在【效果控件】面板中，将【视图】模式设置为【已校正遮罩】，设置【黑色遮罩】为 143，【白色遮罩】为 200，如图 10-11 所示。

图 10-11

STEP 4 选择"颜色差异"图层，在【效果控件】面板中，将【视图】模式设置为【最终输出】，如图 10-12 所示。

10.2.5　线性颜色键

【线性颜色键】将图像中的每个像素与指定的抠除的颜色进行比较，如果像素的颜色与抠除的颜色相同，则此像素将完全透明；如果此像素与抠除的颜色完全不同，则此像素将保持不透明度；如果此像素与抠除的颜色相似，则此像素将变为半透明。【线性颜色键】将显示两个缩略图像，左边的缩略图显示的是原始图像，右侧的缩略图显示的是抠像的结果，如图 10-13 所示。

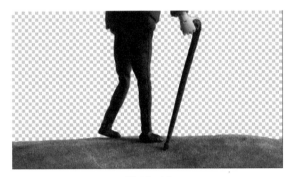

图 10-12

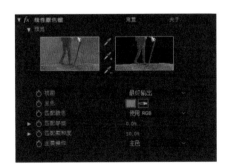

图 10-13

※ 参数详解

视图： 选择图像的查看方式，包括【最终输出】【仅限源】和【仅限遮罩】3 种方式。

主色： 指定抠除的颜色，单击吸管工具，可以吸取屏幕上的颜色，或单击【主色】色板并指定颜色。

匹配颜色： 用于设置抠像的颜色空间，一共有 3 种模式可供用户选择，分别为【使用 RGB】【使用色相】【使用色度】，一般情况下，使用默认的 RGB 即可。

匹配容差： 对抠除的颜色的范围进行调整，数值越大，被抠除的范围越大。

匹配柔和度： 用于设置透明区域与不透明区域的柔和度，通过减少容差值来柔化匹配容差。

主要操作： 用于设置指定颜色的操作方式，分为【主色】和【保持颜色】两种。【主色】为设置抠除的色彩，而【保持颜色】则是设置保留的颜色。

练习10-3 线性颜色键抠像

素材文件：实例文件 / 第 10 章 / 练习 10-3

案例文件：实例文件 / 第 10 章 / 练习 10-3/ 线性颜色键抠像 .aep

教学视频：多媒体教学 / 第 10 章 / 线性颜色键抠像 .mp4

技术要点：线性颜色键抠像

操作步骤：

STEP 1 双击【项目】面板，打开"线性颜色键抠像 .aep"，如图 10-14 所示。

STEP 2 选择"素材 .jpg"图层，在【时间轴】面板中单击鼠标右键，在弹出的菜单中选择【效果】>【抠像】>【线性颜色键】命令，在【效果控件】面板中，使用吸管工具吸取图像中最大范围的背景颜色。在【效果控件】面板中，设置【视图】模式为【仅限遮罩】，调整细节。设置【匹配容差】为 7%，【匹配柔和度】为 0.1%，如图 10-15 所示。

STEP 3 执行【效果】>【抠像】>【高级溢出抑制器】命令，使用【钢笔工具】绘制保留区域，如图 10-16 所示。

图 10-14

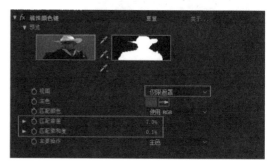

图 10-15

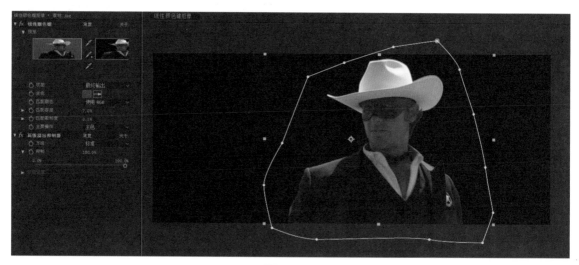

图 10-16

10.2.6 差值遮罩

　　【差值遮罩】适用于拍摄静态背景、固定摄像机的场景素材。使用【差值遮罩】进行图像抠除时，将源图层和差异图层进行比较，抠除源图层和差异图层中位置和颜色匹配的像素，如

图 10-17 所示。

图 10-17

　　※ 参数详解

　　视图：设置图像的显示模式，提供了【最终输出】【仅限源】【仅限遮罩】3 种模式。

　　差值图层：用于设定对比差异所参考的图层。

　　如果图层大小不同：对差异图层和源图层的尺寸进行调整匹配，有【居中】和【伸缩以适合】两种模式。

　　匹配容差：用于设置差异图层和源图层之间的颜色匹配程度。数值越高，透明度越高；数值越低，透明度越低。

　　匹配柔和度：用于设置透明区域与不透明区域的柔和度。

　　差值前模糊：用于对图像在差值比较前进行模糊处理，可以通过模糊来抑制杂色，不会影响最终输出的清晰度。

10.2.7　提取

　　【提取】一般用于图像中黑白反差较为明显、前景和背景反差较大的素材，可以指定抠除的亮度范围，如图 10-18 所示。

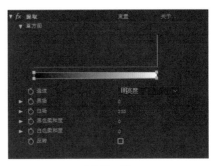

图 10-18

　　※ 参数详解

　　通道：用于对图像中的通道进行选择，该项提供了【明亮度】【红色】【绿色】【蓝色】【Alpha】5 种模式。【明亮度】可以抠除画面中亮部区域和暗部区域，【红色】【绿色】【蓝色】和【Alpha】可以创建特殊的视觉效果。

　　黑场：用于调节图像中黑色所占的比例，小于黑色部分的数值将变成透明。

　　白场：用于调节图像中白色所占的比例，大于白色部分的数值将变成透明。

　　黑色柔和度：用于调节图像中暗色区域的柔和度。

　　白色柔和度：用于调节图像中亮色区域的柔和度。

　　反转：反转透明区域。

10.2.8　内部 / 外部键

　　使用【内部 / 外部键】需要创建遮罩来定义图像的边缘内部和外部，通过自动计算，来实现抠除区域的效果，如图 10-19 所示。

图 10-19

　　※ 参数详解

　　前景（内部）：用于对图像的前景进行设定，在这一选项内的素材将作为整体图像的前景使用。

　　其他前景：用于指定更多的前景。

　　背景（外部）：用于对图像的背景进行设定，在这一选项内的素材将作为整体图像的背景使用。

　　其他背景：用于指定更多的背景。

单个蒙版高光半径： 当只有一个蒙版时，用于控制蒙版周围的边界大小。

清理前景： 用于清除图像的前景。

清理背景： 用于清除图像的背景。

薄化边缘： 用于对图像边缘的厚度进行设定。

羽化边缘： 用于对图像边缘进行羽化。

边缘阈值： 用于对图像边缘容差值大小进行设定。

反转提取： 勾选该复选框，将对前景和背景进行反转。

与原始图像混合： 用于对效果和原始图像的混合数值进行调整，当数值为 100% 时则会只显示原始图像。

技 巧

使用【内部 / 外部键】绘制的蒙版不需要完全贴合对象的边缘，遮罩的模式需要设置为【无】。

练习10-4 | **内部/外部键抠像**

素材文件： 实例文件 / 第 10 章 / 练习 10-4

案例文件： 实例文件 / 第 10 章 / 练习 10-4/ 内部外部键 .aep

教学视频： 多媒体教学 / 第 10 章 / 内部外部键 .mp4

技术要点： 内部 / 外部键抠像

操作步骤：

STEP 1 双击【项目】面板，打开"内部外部键 .aep"，如图 10-20 所示。

STEP 2 选择"素材 .jpg"图层，使用【钢笔工具】沿图像边缘绘制闭合路径（前景），将"蒙版 1"模式设置为【无】，如图 10-21 所示。

STEP 3 选择"素材 .jpg"图层，继续使用【钢笔工具】沿图像边缘绘制闭合路径（背景），将"蒙版 2"模式设置为【无】，如图 10-22 所示。

图 10-20   图 10-21   图 10-22

STEP 4 选择"素材 .jpg"图层，在【时间轴】面板中单击鼠标右键，在弹出的菜单中选择【效果】>【抠像】>【内部 / 外部键】命令，在【效果控件】面板中，设置【前景（内侧）】为"蒙版 1"，【背景（外侧）】为"蒙版 2"，如图 10-23 所示。

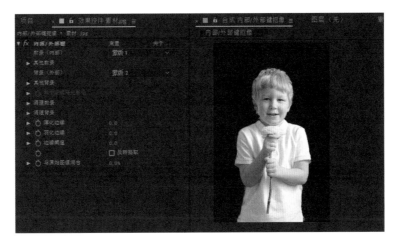

图 10-23

10.2.9 ▶ 高级溢出抑制器

【高级溢出抑制器】不是用来抠像的，而是对抠像后的素材边缘的颜色进行调整的。通常情况下，抠像完成的素材在边缘位置会受到周围环境的影响，【高级溢出抑制器】可以从图像中移除主色的痕迹，如图 10-24 所示。

图 10-24

※ 参数详解

方法： 分为【标准】和【极致】。【标准】方法比较简单，可自动检测主要抠像颜色。【极致】方法基于 Premiere Pro 中的【极致键】效果的溢出抑制。

抑制： 用于控制抑制颜色的强度。

10.2.10 ▶ CC Simple wire Removal

【CC Simple wire Removal】主要是用于抠除拍摄中的金属丝，具体参数如图 10-25 所示。

图 10-25

※ 参数详解

Point A(点 A)： 设置 A 点的位置。

Point B(点 B)： 设置 B 点的位置，通过 A 点和 B 点的位置共同定义需要擦除的线条。

Removal Style(移除风格)： 移除风格一共有 4 个选项，默认选项为【Displace(置换)】，【Displace(置换)】和【Displace Horziontal(水平置换)】通过原图像中的像素信息，设置镜像混合的程度来进行金属丝的移除。【Fade(衰减)】选项只能通过设置厚度与倾斜参数进行调整。【Frame Offset(帧偏移)】通过相邻帧的像素信息进行移除。

Thickness(厚度)： 用于设置擦除线段的厚度。

Slope(倾斜)： 用于设置擦除点之间的像素替换比率。数值越大移除效果越明显。

Mirror Blend(镜像混合)： 用于设置镜像混合的程度。

Frame Offset(帧偏移)： 设置帧偏移的量，数值调整范围为 –120 至 120。

在使用【CC Simple wire Removal】效果进行金属丝移除时，如果画面中有多条金属丝，用户需要多次添加【CC Simple wire Removal】，重新设置移除选项，才能够实现画面清理效果。

10.2.11 ▶ Keylight(1.2)

图 10-26

对于较早的 After Effects 的用户来说，Keylight(1.2)是针对于 After Effects 平台的一款外置抠像插件，用户需要专门安装才可以使用。随着 After Effects 的版本升级，Keylight(1.2) 被整合进来，用户可以直接调用。Keylight(1.2)的参数相对复杂，但非常适合处理反射、半透明区域和头发，如图 10-26 所示。

※ 参数详解

View(视图)：用于设置图像在【合成】面板中的显示方式，一共提供了 11 种显示方式，如图 10-27 所示。

Unpremultiply Result(非预乘结果)：使用预乘通道时，透明度信息不仅存储在 Alpha 通道中，也存储在可见的 RGB 通道中，后者乘以一个背景颜色，半透明区域的颜色将偏向于背景颜色。勾选该复选框，图像为不带 Alpha 通道的显示方式。

图 10-27

Screen Colour(屏幕颜色)：用于设定需要抠除的颜色。用户可以通过吸管工具直接对需要去除背景的图层颜色进行取样。

Screen Gain(屏幕增益)：用于设定抠除效果的强弱。数值越大，抠除的程度越大。

Screen Balance(屏幕均衡)：用于控制色调的均衡程度。均衡值越大，屏幕颜色的饱和度越高。

Despill Bias(反溢出偏差)：用于控制前景边缘的颜色溢出。

Alpha Bias(Alpha 偏差)：使 Alpha 通道向某一类颜色偏移。在多数情况下，不用单独调节。

> **提示**
>
> 一般情况下，【Despill Bias(反溢出偏差)】与【Alpha Bias(Alpha 偏差)】为锁定状态，调节其中的任意参数，另一个参数也会发生改变。可以通过取消勾选【Lock Biases Together(同时锁定偏差)】复选框，解除关联状态。

Screen Pre-blur(屏幕预模糊)：在进行图像抠除之前先对画面进行模糊处理，数值越大，模糊程度越高，一般用于抑制画面的噪点。

Screen Matter(屏幕蒙版)：用于微调蒙版参数，可以更精确地控制抠除的颜色范围，如图 10-28 所示。

Clip Black(消减黑色)：设定蒙版中黑色像素的起点值。适当地提高该数值，可以增大背景图像的扣除区域。

图 10-28

Clip White(消减白色)：设置蒙版中白色像素的起点值。适当地降低该数值，可以增大图像保留区域的范围。

Clip Rollback(消减回滚)：在使用消减黑色 / 白色对图像保留区域进行调整时，可以通过【Clip

Rollback(消减回滚)】恢复消减部分的图像，这对于找回保留区域的细节像素是非常有用的。

　　Screen Shrink/Grow(屏幕收缩 / 扩展)：用于设置蒙版的范围。减小数值为收缩蒙版的范围，增大数值为扩大蒙版的范围。

　　Screen Softness(屏幕柔化)：用于对蒙版进行模糊处理。数值越大，柔化效果越明显。

　　Screen Despot Black(屏幕独占黑色)：当白色区域有少许黑点或者灰点的时候 (即透明和半透明区域)，调节此参数可以去除黑点和灰点。

　　Screen Despot White(屏幕独占白色)：当黑色区域有少许白点或者灰点的时候 (即不透明和半透明区域)，调节此参数可以去除白点和灰点。

　　Replace Method(替换方式)：用于设置溢出边缘区域颜色的替换方式。

　　Replace Colour(替换颜色)：用于设置溢出边缘区域颜色的补救颜色。

图 10-29

　　Inside Mask(内侧遮罩)：用于建立遮罩，作为保留的区域，可以隔离前景。对于前景图像中包含背景颜色的素材，可以起到保护的作用，如图 10-29 所示。

　　Inside Mask(内侧遮罩)：选择保留区域的遮罩。

　　Inside Mask Softness(内侧遮罩柔化)：设置遮罩的柔化程度。

　　Invert(反转)：反转遮罩的方向。

　　Replace Method(替换方式)：用于设置溢出边缘区域颜色的替换方式，共有 4 种模式。

　　Replace Colour(替换颜色)：用于设置溢出边缘区域颜色的补救颜色。

　　Source Alpha(源 Alpha)：用于设置如何处理图像中自带的 Alpha 通道信息，共有 3 种模式。

图 10-30

　　Outside Mask(外侧遮罩)：用于建立遮罩，作为排除的区域，对于背景复杂的素材可以建立外侧遮罩以指定背景像素，如图 10-30 所示。

　　Outside Mask(外侧遮罩)：选择排除区域的遮罩。

　　Outside Mask Softness(外侧遮罩柔化)：设置遮罩的柔化程度。

　　Invert(反转)：反转遮罩的方向。

　　Foreground Colour Correction(前景颜色校正)：用来调整前景的颜色，包括【饱和度】【对比度】【亮度】【颜色控制】【颜色平衡】。

　　Edge Colour Correction(边缘色校正)：用于调整蒙版边缘的颜色和范围。

　　Source Crops(源裁剪)：用于源素材的修剪，可通过选项中的参数裁剪画面。

10.3　综合实战：动物世界节目合成　　🔍

素材文件：实例文件 / 第 10 章 / 综合实战 / 动物世界节目合成

案例文件：实例文件 / 第 10 章 / 综合实战 / 动物世界节目合成 .aep

教学视频：多媒体教学 / 第 10 章 / 综合实战 / 动物世界节目合成 .mp4

技术要点：抠像技术的综合使用

　　本案例是将素材进行抠像处理，运用颜色匹配等技术对图像进行合成处理，如图 10-31 所示。

STEP 1 双击【项目】面板，导入"狮子"素材，以素材大小创建合成，如图 10-32 所示。

STEP 2 选择"狮子"图层，在【时间轴】面板中单击鼠标右键，在弹出的菜单中选择【效果】>【抠像】>【Keylight(1.2)】命令，使用吸管工具吸取背景颜色，将【View】显示为 Screen Matte，如图 10-33 所示。

STEP 3 在【效果控件】面板中，设置【Screen Matte】参数组下的具体设置。将【Clip White】设置为 93，【Clip Black】设置为 2，设置完后将【View】显示为 Final Result，如图 10-34 所示。

图 10-31

图 10-32

图 10-33

图 10-34

STEP 4 双击【项目】面板，导入"草原 .jpg"素材并放置在"狮子"图层下，如图 10-35 所示。

图 10-35

STEP 5 双击【项目】面板，导入"背景 .jpg"，以素材大小创建合成，执行【合成】>【合成设置】命令，重命名为"总合成"，设置【持续时间】为 0:00:04:00，如图 10-36 所示。

图 10-36

STEP 6 将"狮子"合成拖曳至"总合成"合成中，设置"狮子"图层的【缩放】为 (39,39%)，【位置】为 (744,330)，如图 10-37 所示。

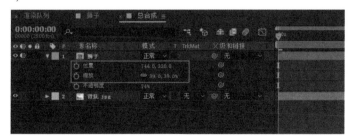

图 10-37

STEP 7 选择"狮子"图层，使用【钢笔工具】绘制蒙版，蒙版大小同"背景"图层中的显示屏大小一致，为了方便观察和调整，可以适当降低"素材"图层的【不透明度】，如图 10-38 所示。

图 10-38

STEP 8 选择"狮子"图层，执行【效果】>【颜色校正】>【自然饱和度】命令，在【效果控件】面板中，将【自然饱和度】设置为 -40，如图 10-39 所示。

图 10-39

STEP 9 选择"狮子"图层，执行【效果】>【杂色和颗粒】>【添加颗粒】命令，在【效果控件】面板中，设置【强度】为 1.2，【大小】为 0.3，勾选【单色】复选框，如图 10-40 所示。

图 10-40

至此，本案例制作完成，我们可以单击【播放】按钮，观察动画效果。

第 11 章

表达式

使用表达式，不用创建大量的关键帧就可以实现复杂的动画效果，还可以将不同属性链接起来。本章主要介绍表达式语言、表达式的添加和编辑等。

| 11.1 表达式基础

使用表达式可以创建图层属性之间的关系，制作复杂的动画效果。表达式语言基于标准的 JavaScript 语言，它是一小段程序，用户可以不必了解 JavaScript 语言就能够使用表达式。

11.1.1 表达式概述

After Effects 表达式语言基于 JavaScript 1.2 语言，具有一组自己的扩展对象（如图层、合成、素材和摄像机）。用户可以使用表达式访问 After Effects 项目中的绝大多数的属性值。在进行表达式输入时，由于 JavaScript 是区分大小写的语言，所以在编写表达式时，一定要注意大小写，用分号来分隔语句或行。

用户可以在【时间轴】面板中创建表达式。例如，展开图层属性，在【位置】属性中，按住 Alt 键单击【位置】属性左侧的【时间变化秒表】按钮，即可为该属性添加表达式。包含表达式的属性的值显示为红色或粉红色类型。当需要移除该属性的表达式时，按住 Alt 键再次单击【时间变化秒表】按钮即可，如图 11-1 所示。

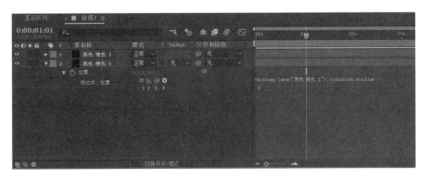

图 11-1

※ 参数详解

启用表达式▤：激活该按钮，代表表达式处于开启状态。

显示后表达式图表▨：在【图表编辑器】模式下显示表达式，可以从【图表编辑器】底部的【选择图形类型和选项】中选择【显示表达式编辑器】选项，被添加表达式的属性将被显示，但当选择多个添加了表达式的属性后，会提示"多个选定的属性具有表达式"。用户可以使用快捷键 Shift+F3 退出【图表编辑器】模式。要调整表达式输入框的大小，可以向上或向下拖曳其底部边缘。

表达式关联器◎: 使用表达式链接不同的属性，而无须为每个动画编写不同的表达式。

表达式语言菜单▶: 查看和调用常用的基础表达式命令。

表达式输入框: 图中区域 5 为表达式输入框。在表达式输入框内，可以通过输入表达式快速创建动画效果。

> **提 示**
>
> 　　如果输入的表达式有误，After Effects 将在【合成】面板下端位置显示其错误，并且自动终止表达式的运行，警告图标将会显示在表达式旁，如图 11-2 所示。

图 11-2

11.1.2 添加、编辑和移除表达式

可以通过手动输入的方式创建表达式，也可以通过表达式语言菜单输入整个表达式，还可以通过表达式关联器或者从其他表达式中复制。

> **提 示**
>
> 　　用户可以在【时间轴】面板中选择需要添加表达式的图层，展开图层属性，选择任意属性，执行【动画】>【添加表达式】命令来添加表达式。当该图层属性已经存在表达式时，可以执行【动画】>【移除表达式】命令删除表达式。

1. 手动编辑表达式

如果需要在表达式输入框内手动输入表达式，可以通过以下方式来实现。

第一步：激活表达式输入框。

> **提 示**
>
> 　　在进入表达式编辑模式后，默认会选中整个表达式。如果要添加表达式，可以单击表达式输入框内任意位置以放置插入点，否则将替换整个表达式。

第二步：在表达式输入框内编辑和输入表达式，可以选择是否使用表达式语言菜单。

> **提 示**
>
> 　　通过拖曳表达式字段的顶部和底部，可以调整表达式输入框的大小，从而查看多行的表达式。

第三步：按数字小键盘上的 Enter 键或在编辑框外单击，将退出表达式编辑模式。

练习10-1　手动编辑表达式

素材文件: 实例文件 / 第 11 章 / 练习 11-1

案例文件: 实例文件 / 第 11 章 / 练习 11-1/ 手动编辑表达式 .aep

教学视频: 多媒体教学 / 第 11 章 / 手动编辑表达式 .mp4

技术要点: 手动编辑表达式

操作步骤：

STEP 1 双击【项目】面板，打开"手动编辑表达式.aep"，如图 11-3 所示。

STEP 2 选择"球体"图层，创建【位置】属性关键帧，在 0:00:00:00 位置、0:00:00:08 位置、0:00:00:16 位置分别设置【位置】为 (349,280)、(349,496)、(349,280)，选择所有关键帧，执行【动画】>【关键帧辅助】>【缓动】命令，在【图表编辑器】面板中调整曲线形态，如图 11-4 所示。

图 11-3

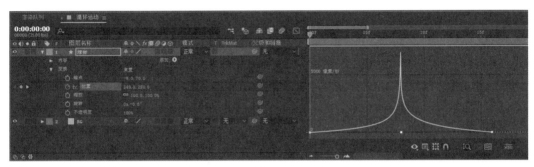

图 11-4

STEP 3 选择"球体"图层的【位置】属性，激活表达式输入框，在表达式输入框内输入如下所示的表达式，如图 11-5 所示。

loopOut(type = "cycle", numKeyframes = 0)

图 11-5

提 示

　　上述表达式主要用于设置循环效果。其中【loop】表示循环，【loopOut】表示向后循环，【type=cycle】表示循环类型是重复类型，【numKeyframes】表示选择哪些关键帧进行循环，为 0 的时候表示所有关键帧循环；为 1 的时候表示只循环最后两个关键帧；为 2 的时候表示循环最后三个关键帧，以此类推。

2. 使用关联器编辑表达式

可将表达式关联器从一个属性拖曳至另一个属性来将这些属性与一个表达式相关联，从而创建指向该属性值的链接，如图 11-6 所示。

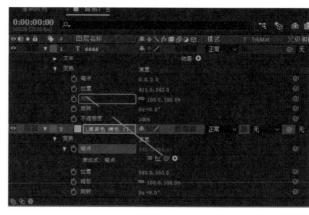

图 11-6

可将表达式关联器拖曳至其他属性的名称或数值上来创建关联。如果拖曳至属性的名称上，则生成的表达式会将所有值作为一个整体显示。例如，如果将关联器拖曳至【锚点】属性的名称上，则会显示如下表达式。

thisComp.layer(" 淡灰色 纯色 1").transform.anchorPoint

如果将表达式关联器拖曳至【锚点】属性的 x 轴数值上，自身属性的 x 轴和 y 轴的数值将链接到【锚点】属性的 x 轴数值上，显示如下表达式。

temp = thisComp.layer(" 淡灰色 纯色 1").transform.anchorPoint[0];
[temp, temp]

11.1.3 向表达式添加注释

表达式注释用于解释说明表达式的作用，并不会影响表达式的实际使用效果，只是在开头的位置加入说明性的文字，以便于辨识。

为表达式添加注释的方式主要有以下两种。

第一种：在注释开头输入 //。将忽略 // 和表达式结束点的任何语句，都被认定为表达式的注释。例如，// 这是表达式注释，如图 11-7 所示。

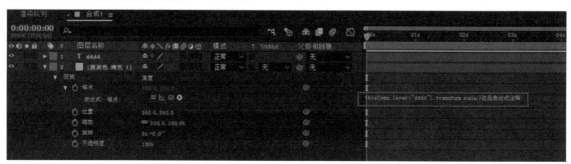

图 11-7

第二种：在注释开头输入 /* 并在注释结尾输入 */。处于 /* 和 */ 之间的任何语句都将被认定为是表达式的注释。例如，/* 这是表达式注释 */，如图 11-8 所示。

图 11-8

11.1.4　保存和调用表达式

当用户在编辑完表达式后，可以将表达式复制粘贴到文本编辑应用程序中存储，也可以将表达式保存为动画预设。在保存的动画预设中，动画属性只具有表达式没有关键帧，动画预设只保存表达式信息；如果动画属性不仅具有表达式而且具有关键帧，动画预设将同时保存关键帧和表达式信息。

> **提　示**
>
> 在调用表达式时，当表达式涉及特定的名称时，有时候需要重新修改表达式的部分内容才能够正确使用。

复制表达式和关键帧：如果要将一个属性中的表达式和关键帧信息复制到其他属性中，可以在【时间轴】面板中选择该属性并进行复制，然后粘贴到目标图层属性中。

只复制表达式：如果只复制表达式，而不复制属性中的关键帧信息，可以选择该属性，执行【编辑】>【仅复制表达式】命令，然后粘贴到目标图层属性中即可。

11.1.5　将表达式转换为关键帧

在【时间轴】面板中，选择已经添加表达式的属性，执行【动画】>【关键帧辅助】>【将表达式转换为关键帧】命令，可以将表达式转换为关键帧。在进行关键帧转换时，After Effects 会自动计算表达式，在每一帧的位置创建一个新的关键帧，原表达式将被禁用，如图 11-9 所示。

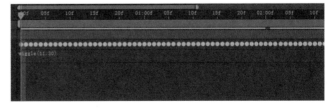

图 11-9

11.1.6　表达式控制效果

使用表达式控制效果，只需要将一个或多个属性同时链接到控制器，就可以使用单个控制效果来同时影响多个属性。

用户可以执行【效果】>【表达式控制】命令中的某个子命令，为图层添加表达式控制。表达式控制效果包括【3D 点控制】【点控制】【复选框控制】【滑块控制】【角度控制】【图层控制】

【颜色控制】，如图 11-10 所示。

可以将表达式控制效果应用到任何类型的图层当中，但是一般会应用到一个空图层当中，将空图层当作控制图层来使用，其他图层的属性使用表达式链接到空图层的表达式控制效果中。

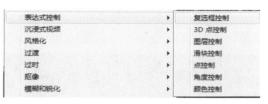

图 11-10

| 11.2 表达式语言

11.2.1 访问属性和方法

使用表达式语言可以访问图层属性中的属性 (attributes) 和方法 (methods)。全局对象与次级对象之间以点号来进行分割，同样，目标与"属性"和"方法"之间也是使用点号来进行分割的，如图 11-11 所示。

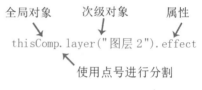

图 11-11

对于图层以下的级别，可以使用圆括号进行分级。例如，要将"图层 1"中的【位置】属性与"图层 2"中的【高斯模糊】效果的【模糊量】属性相关联，可以为"图层 1"的【位置】属性编写如下表达式。

thisComp.layer(" 纯色层 2").effect(" 高斯模糊 ")(" 模糊量 ")

"thisComp": 用来说明表达式所应用的最高层级，可以理解为"这个合成"。

layer(" 图层 2"): 特定图层对象的名称，如图层名称为 CM.jpg，可编辑为 ("CM.jpg")。

effect(" 高斯模糊 "): 该图层中的特定效果的名称。

(" 模糊量 "): 该图层中的特定效果的属性名称。

如果使用的对象属性是自身，那么在表达式中可以忽略对象层级。例如，在图层的【旋转】属性中使用 wiggle() 表达式，可以使用 wiggle(5,10) 或 rotation. wiggle(5,10)。

11.2.2 数组与维度

在 After Effects 中，经常用到的一个数据类型是数组。数组是一种按顺序存储参数的特殊对象，使用逗号来分隔具体参数，并且使用中括号将参数列表首尾括起来，如 [8,20]。

数组对象同样可以分配给一个变量，如下所示。

myArray = [10,23]

数组对象的维度是数组中所包含的元素的个数。当用数组下标表示的时候，需要用几个数字来表示才能唯一确定这个元素，这个数组就是几维。例如，一个数字确定一个元素 a[6] 就是一维的；两个数字确定一个元素 b[3][9] 就是二维的；三个数字确定一个元素 c[6][5][1] 就是三维的。After Effects 的不同属性具有不同维度，具体取决于这些属性具有的参数的数目。以下为常见的属性和维度，如图 11-12 所示。

用户可以使用括号和索引号访问数组对象的各个元素，数组对象中的元素会从 0 开始建立索引。在三维图层的【位置】属性中建立索引，如下所示。

position[0]: 表示 x 轴信息
position[1]: 表示 y 轴信息
position[2]: 表示 z 轴信息

颜色表示为四维数组 [red, green, blue, Alpha]。在颜色深度为 8 bpc 或 16 bpc 的项目中，颜色数组中的每个值都介于 0(黑色) 到 1(白色) 之间。例如，green 可以介于 0(无色) 到 1(绿色) 之间。因此，[0,0,0,0] 表示纯黑色，

并且完全透明，[1,1,1,1] 表示白色且完全不透明。在颜色深度为 32 bpc 的项目中，会出现小于 0 和大于 1 的值。

维度	属性
一维	不透明度、旋转
二维	二维空间中的位置、缩放、锚点
三维	三维空间中的位置、缩放、锚点、方向
四维	颜色（红、绿、蓝、Alpha）

图 11-12

> **提 示**
>
> 如果在数组对象中使用了大于最高维度的索引，After Effects 会出现错误提示。

11.2.3 矢量与索引

只有当数组表示空间中的一个点或方向时，才能将数组称为矢量。例如，After Effects 将【位置】属性定义为矢量。在 After Effects 中，许多属性和方法都采用或返回矢量。

> **提 示**
>
> 并不是所有的数组都称为矢量，因为数值不表示点或方向，如【低音与高音】。After Effects 中的一些函数接受矢量参数，但通常仅在传递的值表示方向时才有用。

在 After Effects 中从 1 开始为图层、效果和蒙版建立索引。例如，【时间轴】面板中的第一个图层是图层 (1)。

通常情况下，最好使用图层、效果或蒙版的名称而不是编号。因为如果移动了图层、效果或蒙版，或者修改了其参数，容易造成混淆和错误。当使用名称时，应始终将其引在引号中。例如，下列表达式中的第一个表达式比第二个表达式更易于理解。

```
effect("Colorama").param("Get Phase From")
effect(1).param(2)
```

11.2.4 表达式时间

表达式中的时间是以秒计算的，采用的是合成时间而不是图层时间。表达式的默认时间是当前合成时间，下列表达式均使用默认合成时间并返回相同值。

```
thisComp.layer(1).position
thisComp.layer(1).position.valueAtTime(time)
```

需要使用相对时间,可以向时间参数添加增量时间值。例如,要在当前时间的前 3 秒获取位置值,可以使用以下表达式。

thisComp.layer(1).position.valueAtTime(time-3)

如果包含的合成中的图层源是嵌套合成，且包含的合成中有重新映射的时间，使用以下表达式获取嵌套合成中图层的位置值时，位置值将使用合成的默认时间，如下所示。

comp("nested composition").layer(1).position

如果使用 source 函数访问图层 (1)，则位置值将使用重新映射的时间，如下所示。

thisComp.layer("nested composition").source.layer(1).position

练习10-2　表针旋转表达式动画

素材文件： 实例文件 / 第 11 章 / 练习 11-2

案例文件： 实例文件 / 第 11 章 / 练习 11-2/ 表针旋转表达式 .aep

教学视频： 多媒体教学 / 第 11 章 / 表针旋转表达式 .mp4

技术要点： 编辑表达式关联

操作步骤：

STEP 1 ▶ 双击【项目】面板，打开"表针旋转表达式 .aep"，如图 11-13 所示。

STEP 2 ▶ 在【时间轴】面板中选择"表针 1"图层，激活【旋转】属性中的表达式输入框，在表达式输入框内输入"time*-4"，如图 11-14所示。

图 11-13

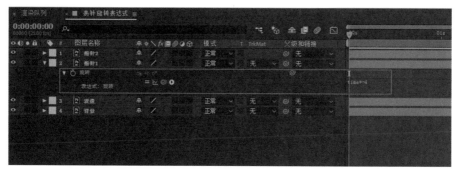

图 11-14

STEP 3 ▶ 在【时间轴】面板中选择"指针 2"图层，展开图层属性，按住 Alt 键同时单击【旋转】属性的【时间变化秒表】按钮，使用鼠标左键将表达式关联到"指针 1"的【旋转】属性中，如图 11-15 所示。

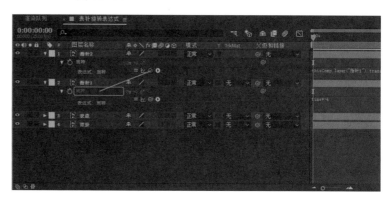

图 11-15

STEP 4 在【时间轴】面板中选择"指针 2"图层，展开图层属性，修改表达式。将表达式修改为
"thisComp.layer(" 指针 1").transform.rotation*-12"，"指针 2"的旋转速度为"指针 1"的 12
倍并且相反，如图 11-16 所示。

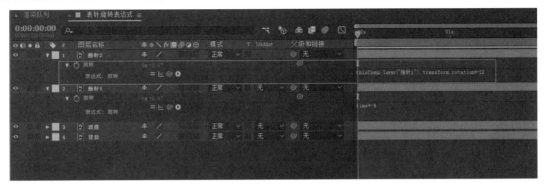

图 11-16

| 11.3 表达式语言引用

用户可以使用表达式数据库，根据需要在表达式菜单中选择相应的表达式语言直接调用，而不
需要手动输入。单击【动画】属性中的按钮，即可打开表达式数据库，如图 11-17 所示。

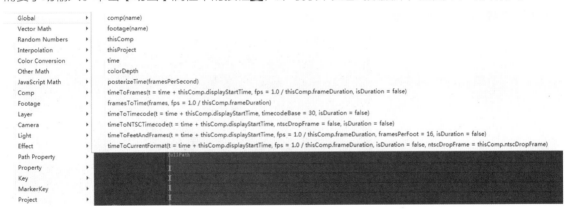

图 11-17

| 11.4 综合实战：地震模拟

素材文件：实例文件 / 第 11 章 / 综合实战 / 地震模拟
案例文件：实例文件 / 第 11 章 / 综合实战 / 地震模拟 / 地震模拟 .aep
教学视频：多媒体教学 / 第 11 章 / 地震模拟 .mp4
技术要点：表达式的综合应用
本案例是通过创建表达式将图层的位置信息和旋转信息与【滑块控制】效果链接，通过设置【滑
块】参数添加雨点效果，模拟雨夜地震效果，如图 11-18 所示。

图 11-18

操作步骤：

`STEP 1` 双击【项目】面板，打开"地震模拟.aep"，如图 11-19 所示。

图 11-19

`STEP 2` 选择"素材.jpg"图层，展开图层变换属性，在【位置】属性中，按住 Alt 键单击【位置】属性左侧的【时间变化秒表】按钮，输入表达式"wiggle(7,51)"，如图 11-20 所示。

图 11-20

`STEP 3` 选择"素材.jpg"图层，在【旋转】属性中，按住 Alt 键单击【旋转】属性左侧的【时间变化秒表】按钮，复制粘贴【位置】属性中的表达式，并将表达式更改为"wiggle(7,51)/40"，如图 11-21 所示。

`STEP 4` 选择"素材.jpg"图层，单击鼠标右键，在弹出的菜单中选择【效果】>【表达式控制】>【滑块控制】命令，为图层添加表达式控制效果，如图 11-22 所示。

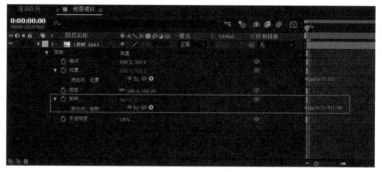

图 11-21

图 11-22

STEP 5 选择"素材 .jpg"图层，展开图层变换属性，在【位置】属性中，激活表达式输入框，选中 wiggle 控制中的"51"数值，将抖动的最大数值链接到【滑块控制】效果中的【滑块】选项，如图 11-23 示。

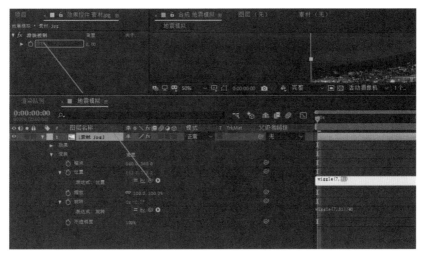

图 11-23

STEP 6 选择"素材 .jpg"图层，展开图层变换属性，在【旋转】属性中，激活表达式输入框，同样将抖动的最大数值关联到【滑块控制】效果中的【滑块】选项，如图 11-24 所示。

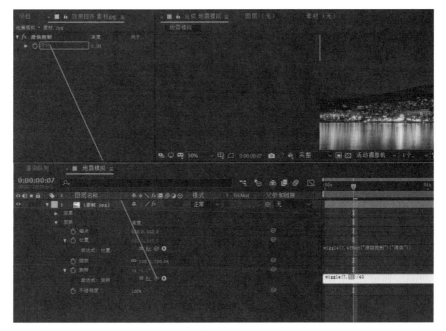

图 11-24

STEP 7 将【当前时间指示器】移动至 0:00:00:04 位置，在【效果控件】面板中，激活【滑块控制】效果中的【滑块】属性的【时间变化秒表】按钮，将【滑块】设置为 0；将【当前时间指示器】移动至 0:00:00:09 位置，将【滑块】设置为 27；将【当前时间指示器】移动至 0:00:01:22 位置，将【滑块】设置为 80；将【当前时间指示器】移动至 0:00:03:11 位置，将【滑块】设置为 3，激活图层的【运动模糊】按钮，如图 11-25 所示。

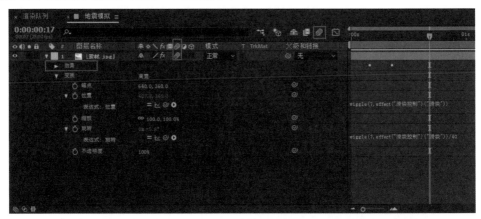

图 11-25

STEP 8 选择"素材 .jpg"图层，执行【效果】>【风格化】>【动态拼贴】命令，设置【输出宽度】为 150，【输出高度】为 150，勾选【镜像边缘】复选框，如图 11-26 所示。

STEP 9 在【时间轴】面板选择"素材 .jpg"图层，执行【编辑】>【重复】命令，重命名为"雨点"。选择"雨点"图层，执行【效果】>【模拟】>【CC Mr.Mercury】命令，拖曳【当前时间指示器】观察动画效果，如图 11-27 所示。

STEP 10 选择"雨点"图层，在【效果控件】面板中，设置【Radius X】为 100，【Radius Y】为 110，【Velocity】为 0，【Birth Rate】为 0.6，【Longevity(sec)】为 5，【Gravity】为 0.5，【Resistance】为 0.1，【Animation】为 Direction，【Blob Birth Size】为 0.2，【Blob Death Size】为 0.35，【Light Intensity】为 84，如图 11-28 所示。

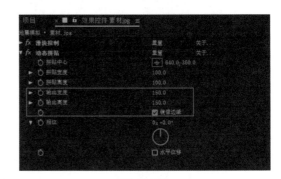

图 11-26

图 11-27

STEP 11 选择"素材 .jpg"图层，执行【效果】>【模拟】>【CC Rainfall】命令，在【效果控件】面板中的【Size】属性中，按住 Alt 键单击【位置】属性左侧的【时间变化秒表】按钮，输入表达式"time*2"，如图 11-29 所示。

图 11-28

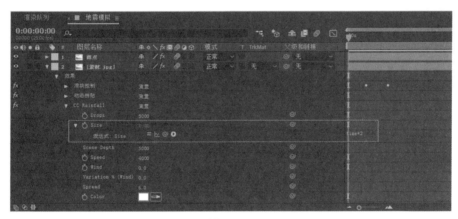

图 11-29

STEP 12 选择"素材 .jpg"图层，在【效果控件】面板中的【 Wind 】属性中，激活表达式输入框，输入表达式"time*1.3"，如图 11-30 所示。

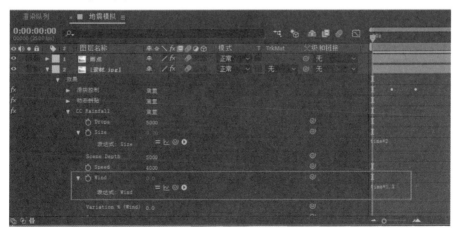

图 11-30

STEP 13 双击【项目】面板，导入"闪电 .jpg"素材，将"闪电 .jpg"拖曳至"地震模拟"合成的最上层，将图层混合模式设置为【变亮】，将【当前时间指示器】移动至 0:00:00:22 位置，将【不透明度】设置为 0%；将【当前时间指示器】移动至 0:00:01:00 位置，将【不透明度】设置为 100%；将【当前时间指示器】移动至 0:00:01:03 位置，将【不透明度】设置为 0%；将【当前时间指示器】移动至 0:00:02:05 位置，将【不透明度】设置为 0%；将【当前时间指示器】移动至 0:00:02:08 位置，将【不透明度】设置为 100%；将【当前时间指示器】移动至 0:00:02:11 位置，将【不透明度】设置为 0%，如图 11-31 示。

图 11-31

STEP 14 选择"闪电 .jpg"图层，指定"素材 .jpg"图层为父级图层，如图 11-32 所示。

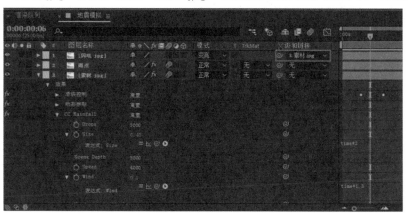

图 11-32

至此，本案例制作完成，我们可以单击【播放】按钮，观察动画效果。

第 12 章

影视片头合成

本章将通过两个案例演示整个影视片头的制作过程，从前期的素材整理到后期的合成、效果的应用，来全面地讲解 After Effects 软件在影视后期合成中的应用。

12.1 Logo 动画

素材文件： 实例文件 / 第 12 章 / Logo 动画

案例文件： 实例文件 / 第 12 章 / Logo 动画 / Logo 动画 .aep

教学视频： 多媒体教学 / 第 12 章 / Logo 动画 .mp4

技术要点： Saber 插件的综合应用

本案例通过为 Logo 添加光效和动画效果详细地介绍了 Logo 动画的制作方法，如图 12-1 所示。

图 12-1

操作步骤：

12.1.1 Logo 动画制作

STEP 1 执行【合成】>【新建合成】命令，将【合成名称】设置为"Logo 动画"，选择【预设】的合成参数为"HDV/HDTV 720 25"，将【持续时间】设置为 0:00:08:00，如图 12-2 所示。

STEP 2 双击【项目】面板，导入"logo.png"素材，并将其拖曳至合成中，如图 12-3 所示。

图 12-2　　　　　　　　　　　　　　　　　图 12-3

STEP 3 选择 "logo.png" 图层，执行【图层】>【预合成】命令，设置【新合成名称】为 "LOGO"，选择【将所有属性移动到新合成】选项，如图 12-4 所示。

STEP 4 选择 "LOGO" 图层，执行【图层】>【自动追踪】命令，设置【通道】为 Alpha，【容差】为 1，如图 12-5 所示。

图 12-4　　　　　　　　　　　　　　　　　图 12-5

STEP 5 选择 "LOGO" 图层，执行【效果】>【生成】>【填充】命令，设置【颜色】为黑色，如图 12-6 所示。

STEP 6 选择 "LOGO" 图层，执行【效果】>【Video Copilot】>【Saber】命令，如图 12-7 所示。

图 12-6　　　　　　　　　　　　　　　　　图 12-7

STEP 7 在【效果控件】面板中，设置【Preset】为 Portal，【Glow Color】为 (R:10,G:58, B:107)，【Glow Intensity】为 188%，【Glow Spread】为 0.2，【Core Size】为 0.28，【Core Type】为 Layer Masks，如图 12-8 所示。

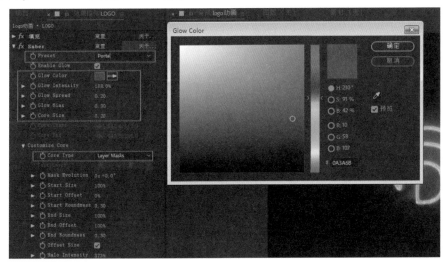

图 12-8

STEP 8 在【效果控件】面板中，设置【Render Settings】参数组下的具体设置。将【Composite Settings】设置为 Add，【Alpha Mode】设置为 Mask Core，如图 12-9 所示。

STEP 9 将【当前时间指示器】移动至 0:00:00:10 位置，激活【Mask Evolution】属性的【时间变化秒表】按钮，设置【Mask Evolution】为 0×-60°；将【当前时间指示器】移动至 0:00:06:00 位置，设置【Mask Evolution】为 -4×+0°，如图 12-10 所示。

STEP 10 将【当前时间指示器】移动至 0:00:00:10 位置，激活【Start Size】属性的【时间变化秒表】按钮，设置【Start Size】为 0%；将【当前时间指示器】移动至 0:00:00:20 位置，设置【Start Size】为 200%，如图 12-11 所示。

STEP 11 将【当前时间指示器】移动至 0:00:00:20 位置，激活【Start Offset】属性的【时间变化秒表】按钮，设置【Start Offset】为 100%；将【当前时间指示器】移动至 0:00:06:00 位置，设置【Start Offset】为 0%，如图 12-12 所示。

STEP 12 将【当前时间指示器】移动至 0:00:00:20 位置，激活【End Offset】属性的【时间变化秒表】按钮，设置【End Offset】为 100%；将【当前时间

图 12-9

图 12-10

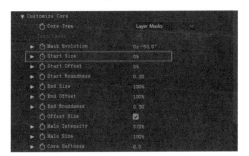

图 12-11

指示器】移动至 0:00:02:00 位置，设置【End Offset】为 0%，如图 12-13 所示。

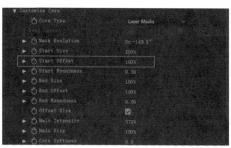

图 12-12 图 12-13

STEP 13 选择"LOGO"图层，执行【效果】>【Video Copilot】>【Saber】命令，如图 12-14 所示。

STEP 14 在【效果控件】面板中，设置【Preset】为 Portal，【Glow Color】为 (R:215,G:90, B: 7)，【Glow Intensity】为 81%，【Glow Spread】为 0.15，【Glow Bias】为 0.1，【Core Size】为 1.14，【Core Type】为 Layer Masks，如图 12-15 所示。

STEP 15 将【当前时间指示器】移动至 0:00:00:20 位置，激活【Mask Evolution】属性的【时间变化秒表】按钮；将【当前时间指示器】移动至 0:00:06:00 位置，设置【Mask Evolution】为 −4×+0°，如图 12-16 所示。

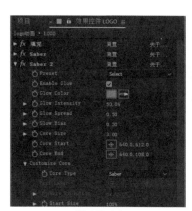

图 12-14 图 12-15 图 12-16

STEP 16 将【当前时间指示器】移动至 0:00:00:20 位置，激活【Start Size】属性的【时间变化秒表】按钮，设置【Start Size】为 0%；将【当前时间指示器】移动至 0:00:01:10 位置，设置【Start Size】为 200%，如图 12-17 所示。

STEP 17 将【当前时间指示器】移动至 0:00:00:20 位置，激活【Start Offset】属性的【时间变化秒表】按钮，设置【Start Offset】为 100%；将【当前时间指示器】移动至 0:00:06:00 位置，设置【Start Offset】为 0%，如图 12-18 所示。

STEP 18 将【当前时间指示器】移动至 0:00:01:10 位置，激活【End Offset】属性的【时间变化秒表】按钮，设置【End Offset】为 100%；将【当前时间指示器】移动至 0:00:02:20 位置，设置【End Offset】为 0%，如图 12-19 所示。

图 12-17

图 12-18

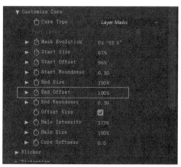
图 12-19

STEP 19 在【效果控件】面板中，设置【Render Settings】参数组下的具体设置。将【Composite Settings】设置为 Add，【Alpha Mode】设置为 Mask Core，如图 12-20 所示。

STEP 20 选择"LOGO"图层，设置混合模式为【相加】，如图 12-21 所示。

STEP 21 选择"LOGO"图层，将图层修改为三维图层，如图 12-22 所示。

图 12-20

图 12-21

图 12-22

12.1.2　倒影制作

STEP 1 选择"LOGO"图层，执行【编辑】>【重复】命令，设置图层名称为"倒影"，如图 12-23 所示。

STEP 2 选择"倒影"图层，设置【X 轴旋转】为 0×+97°，【位置】为 (640,483,0)，如图 12-24 所示。

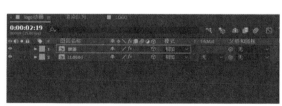
图 12-23

图 12-24

STEP 3 选择"倒影"图层，执行【效果】>【模糊和锐化】>【高斯模糊】命令，设置【模糊度】为 35，如图 12-25 所示。

STEP 4 选择"倒影"图层，执行【效果】>【模糊和锐化】>【CC Radial Fast Blur】命令，设置【Amount】为 78，如图 12-26 所示。

图 12-25

STEP 5 选择"倒影"图层，设置【不透明度】为 57%，如图 12-27 所示。

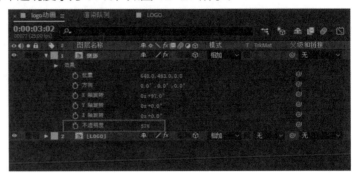

图 12-26

图 12-27

12.1.3 总合成

STEP 1 在【项目】面板选择"LOGO"合成，并将其拖曳至"logo 动画"合成的最上层，如图 12-28 所示。

STEP 2 选择"LOGO"图层，将【当前时间指示器】移动至 0:00:04:16 位置，激活【不透明度】属性的【时间变化秒表】按钮，设置【不透明度】为 0%；将【当前时间指示器】移动至 0:00:06:00 位置，设置【不透明度】为 100%，如图 12-29 所示。

图 12-28

图 12-29

STEP 3 在【时间轴】面板中执行【新建】>【纯色】命令，设置图层名称为"背景"，【颜色】为黑色，将"背景"图层拖曳至合成底部，如图 12-30 所示。

STEP 4 选择"背景"图层，在【时间轴】面板中执行【效果】>【生成】>【梯度渐变】命令，设置【起始颜色】为 (R:15,G:24,B:20)，【结束颜色】为 (R:0,G:10,B:20)，【渐变散射】为 30，如图 12-31 所示。

图 12-30

图 12-31

STEP 5 在【时间轴】面板中执行【新建】>【调整图层】命令，创建"调整图层 1"图层，选择"调整图层 1""图层，执行【效果】>【颜色校正】>【曲线】命令，在【效果控件】面板中，调整曲线形态，如图 12-32 所示。

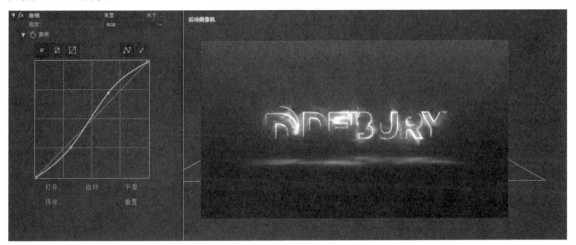

图 12-32

STEP 6 在【时间轴】面板中执行【新建】>【摄像机】命令，设置【预设】为 35 毫米，如图 12-33 所示。

STEP 7 选择"摄像机 1"图层，将【当前时间指示器】移动至 0:00:05:00 位 置， 激 活【位置】属性的【时间变化秒表】按钮；将【当前时间指示器】移动至 0:00:00:00 位置，设置【位置】为 (640,360,−518)，如图 12-34 所示。

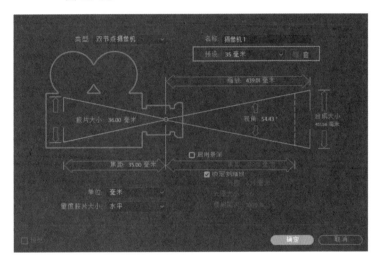

图 12-33

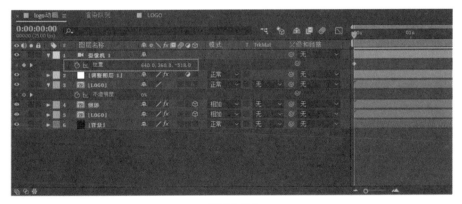

图 12-34

STEP 8 执行【合成】>【添加到渲染队列】命令，设置输出路径并渲染，如图 12-35 所示。至此，本案例制作完成，我们可以单击【播放】按钮，观察动画效果。

图 12-35

12.2　中国风美食类片头动画　🔍 →

素材文件： 实例文件 / 第 12 章 / 中国风美食类片头动画

案例文件： 实例文件 / 第 12 章 / 中国风美食类片头动画 / 中国风美食类片头动画 .aep

教学视频： 多媒体教学 / 第 12 章 / 中国风美食类片头动画 .mp4

技术要点： 美食类片头动画的综合应用

本案例通过在三维空间中搭建原始素材，配合动态序列素材，详细地介绍了中国风美食类风格动画的制作方法，如图 12-36 所示。

图 12-36

操作步骤：

12.2.1 ▶ 搭建三维空间场景 ↗

STEP 1 ▶ 双击【项目】面板，导入"场景素材 .psd"文件，将【导入种类】设置为【合成】，如图 12-37 所示。

STEP 2 ▶ 选择"场景素材"合成，执行【合成】>【合成设置】命令，将【合成名称】设置为"中国风美食类片头动画"，【持续时间】设置为 0:00:15:00，如图 12-38 所示。

图 12-37

图 12-38

STEP 3 选择所有图层，将合成中的图层转换为 3D 图层，如图 12-39 所示。

图 12-39

STEP 4 选择"素材 2"图层，将【位置】设置为 (1156,233,758)，如图 12-40 所示。

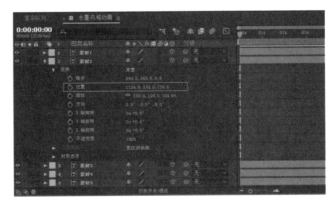

图 12-40

STEP 5 选择"素材 3"图层，将【位置】设置为 (2445,281,925)，如图 12-41 所示。

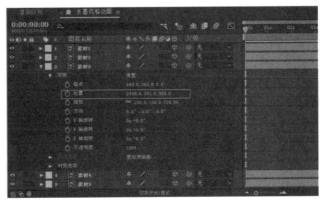

图 12-41

STEP 6 ▶ 选择"素材4"图层，将
【位置】设置为 (3176,430,2092)，
如图 12-42 所示。

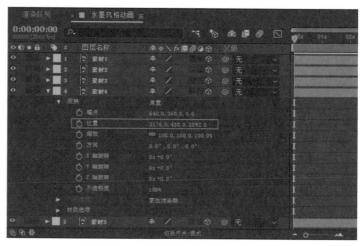

图 12-42

STEP 7 ▶ 选择"素材5"图层，将
【位置】设置为 (3843,161,3151)，
如图 12-43 所示。

STEP 8 ▶ 双击【项目】面板，导入
"背景 .jpg"素材，将素材拖曳至
合成底部。选择"背景 .jpg"图层，
将【缩放】设置为 (16,16%)，如
图 12-44 所示。

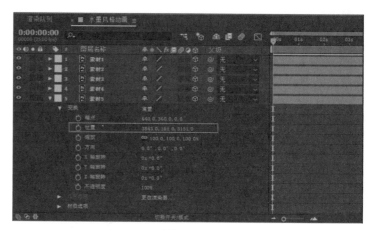

图 12-43

STEP 9 ▶ 双击【项目】面板，导
入"群山 .jpg"素材，将素材拖曳
至"背景 .jpg"图层上方。将"群
山 .jpg"图层转换为 3D 图层，将
【位置】设置为 (640,360,4000)，
【缩放】设置为 (787,787,787%)，
如图 12-45 所示。

图 12-44

STEP 10 ▶ 选择"群山 .jpg"图层，
设置图层的混合模式为【相乘】，
如图 12-46 所示。

STEP 11 ▶ 在【时间轴】面板中单
击鼠标右键，在弹出的菜单中选择
【新建】>【摄像机】命令，设置
【预设】为 35 毫米，如图 12-47
所示。

图 12-45

图 12-46

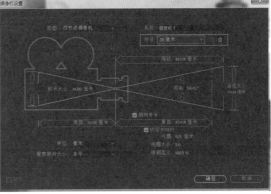

图 12-47

12.2.2　动画制作

STEP 1 将【当前时间指示器】移动至 0:00:00:00 位置，激活【目标点】和【位置】属性的【时间变化秒表】按钮，将【目标点】设置为 (652,231,5000)，【位置】设置为 (897,250,-1499)，如图 12-48 所示。

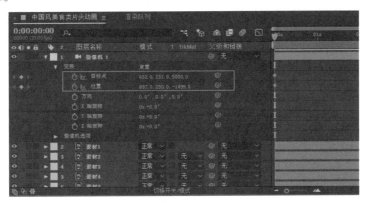

图 12-48

STEP 2 将【当前时间指示器】移动至 0:00:09:03 位置，将【目标点】设置为 (4827,206,5000)，【位置】设置为 (4827,206,1883)，如图 12-49 所示。

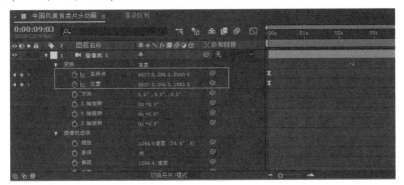

图 12-49

STEP 3 双击【项目】面板，导入 "smoke" 文件夹中的素材序列，勾选【PNG 序列】复选框，如图 12-50 所示。

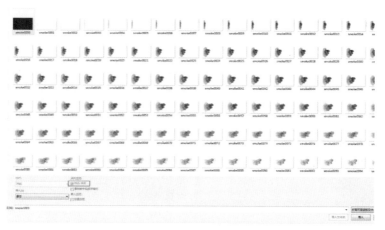

图 12-50

STEP 4 将"smoke"序列素材拖曳至"中国风美食类片头动画"合成中，并置于"素材 2"图层上方，如图 12-51 所示。

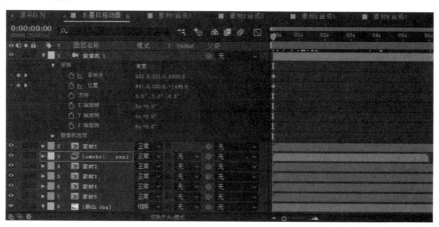

图 12-51

STEP 5 选择"smoke"序列图层，执行【图层】>【预合成】命令，在【预合成】对话框中，将【新合成名称】设置为"烟雾遮罩"，选择【将所有属性移动到新合成】选项，如图 12-52 所示。

STEP 6 双击"烟雾遮罩"合成，在【时间轴】面板中选择"smoke"序列图层，执行【效果】>【颜色校正】>【色阶】命令，将【输出白色】设置为 2000，如图 12-53 所示。

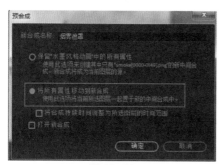

图 12-52

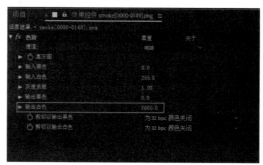

图 12-53

STEP 7 在"中国风美食类片头动画"合成中选择"烟雾遮罩"图层，执行【编辑】>【重复】命令4次，分别重命名所有烟雾遮罩图层名称为"素材2遮罩""素材3遮罩""素材4遮罩""素材5遮罩"，如图12-54所示。

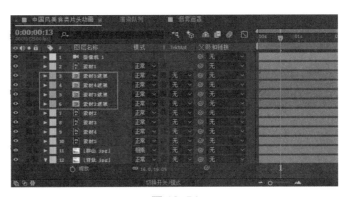

图 12-54

STEP 8 选择"素材2遮罩"图层，并将其拖曳至"素材2"图层上方，将【位置】设置为(793,360)，【缩放】设置为(145,145%)，如图12-55所示。

图 12-55

STEP 9 选择"素材2"图层，执行【图层】>【跟踪遮罩】>【亮度遮罩】命令，如图12-56所示。

图 12-56

STEP 10 选择"素材3遮罩"图层，并将其拖曳至"素材3"图层上方，将【入点时间】设置为0:00:01:13，【位置】设置为(1266,372)，【缩放】设置为(182,182%)，如图12-57所示。

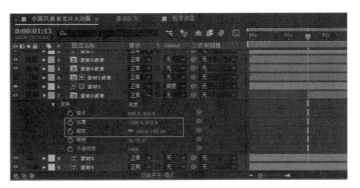

图 12-57

STEP 11 选择"素材 3"图层，执行【图层】>【跟踪遮罩】>【亮度遮罩】命令，如图 12-58 所示。

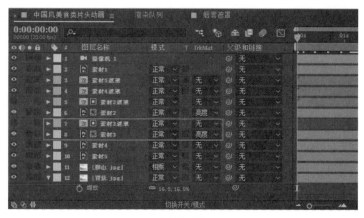

图 12-58

STEP 12 选择"素材 4 遮罩"图层，并将其拖曳至"素材 4"图层上方，将【入点时间】设置为 0:00:03:08,【位置 】设置为 (1086,414),【缩放】设置为 (142,142%)，如图 12-59 所示。

图 12-59

STEP 13 选择"素材 4"图层，执行【图层】>【跟踪遮罩】>【亮度遮罩】命令，如图 12-60 所示。

图 12-60

STEP 14 选择"素材 5 遮罩"图层，并将其拖曳至"素材 5"图层上方，将【入点时间】设置为 0:00:06:10,【位置 】设置为 (700,344),【缩放】设置为 (133,133%)，如图 12-61 所示。

STEP 15 选择"素材 5"图层，执行【图层】>【跟踪遮罩】>【亮度遮罩】命令，如图 12-62 所示。

图 12-61

图 12-62

STEP 16 选择摄像机图层上的所有关键帧，执行【动画】>【关键帧辅助】>【缓动】命令，如图 12-63 所示。

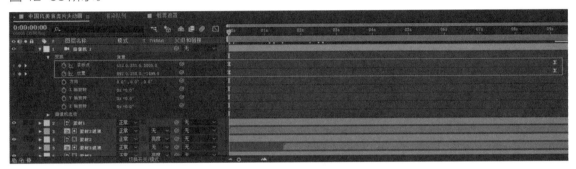

图 12-63

12.2.3 落版制作

STEP 1 双击【项目】面板，导入"落版 .psd"文件，将【导入种类】设置为【合成 - 保持图层大小】，如图 12-64 所示。

STEP 2 在【项目】面板中双击"落版"合成，在"落版"合成中，选择"中国味道"图层，将【当前时间指示器】移动至 0:00:00:00 位置，激活【不透明度】属性的【时间变化秒表】按钮，将【不透明度】设置为 0%，如图 12-65 所示。

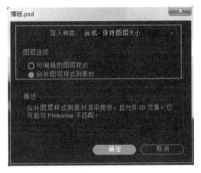

图 12-64

图 12-65

STEP 3 选择"中国味道"图层，将【当前时间指示器】移动至 0:00:01:00 位置，将【不透明度】设置为 100%，如图 12-66 所示。

STEP 4 选择"中国味道"图层，执行【效果】>【模糊和锐化】>【高斯模糊】命令，将【当前时间指示器】移动至 0:00:00:00 位置，激活【模糊度】属性的【时间变化秒表】按钮，将【模糊度】设置为 100，如图 12-67 所示。

STEP 5 选择"中国味道"图层，将【当前时间指示器】移动至 0:00:02:16 位置，将【模糊度】设置为 0，如图 12-68 所示。

图 12-66

图 12-67

图 12-68

STEP 6 选择"落版"合成，将"落版"合成拖曳至"中国风美食类片头动画"合成中，设置【入点时间】为 0:00:08:02，如图 12-69 所示。

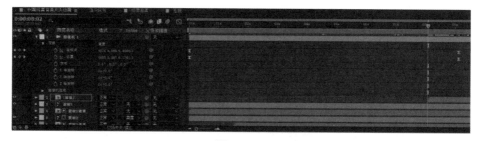

图 12-69

STEP 7 双击【项目】面板，导入"龙"序列素材，将"龙"序列素材拖曳至"水墨风格动画"合成中，如图 12-70 所示。

STEP 8 选择"龙"序列素材，将【当前时间指示器】移动至 0:00:07:14 位置，激活【不透明度】属性的【时间变化秒表】按钮，如图 12-71 所示。

图 12-70

STEP 9 选择"龙"序列素材，将【当前时间指示器】移动至 0:00:08:14 位置，设置【不透明度】为 0%，如图 12-72 所示。

图 12-71

STEP 10 双击【项目】面板，导入"烟雾.mov"素材，将"烟雾.mov"拖曳至"中国风美食类片头动画"合成中，如图 12-73 所示。

图 12-72

STEP 11 在【时间轴】面板中选择"烟雾.mov"图层，设置【位置】为 (540, 296),【缩放】为 (80,80%)，将【入点时间】设置为 0:00:07:02，如图 12-74 所示。

图 12-73

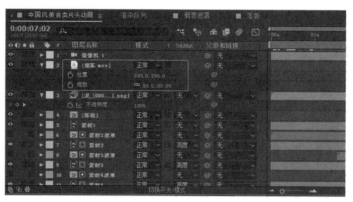

图 12-74

STEP 12 在【时间轴】面板中选择"烟雾.mov"图层，执行【效果】>【颜色校正】>【色阶】命令，在【效果控件】面板中，将【输入黑色】设置为 190，如图 12-75 所示。

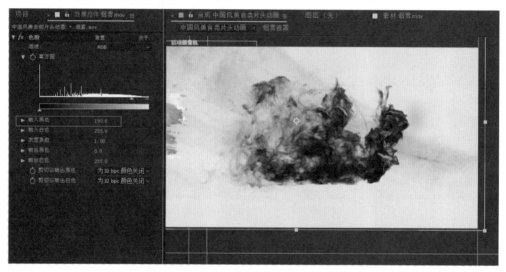

图 12-75

STEP 13 在"中国风美食类片头动画"中，在【时间轴】面板中单击鼠标右键，在弹出的菜单中选择【新建】>【调整图层】命令，将"调整图层 1"拖曳至"群山"图层上，如图 12-76 所示。

图 12-76

STEP 14 选择"调整图层 1"，执行【效果】>【颜色校正】>【曲线】命令，在【效果控件】面板中，设置曲线形态，如图 12-77 所示。

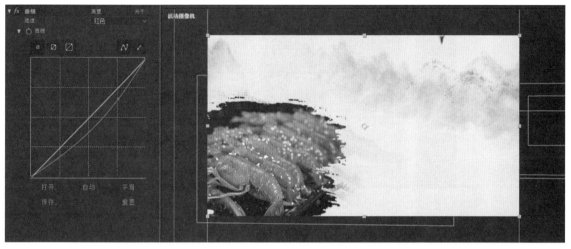

图 12-77

STEP 15 在【时间轴】面板中单击鼠标右键，在弹出的菜单中选择【新建】>【纯色】命令，将纯色图层重命名为"黑色遮罩"，将【颜色】设置为黑色，如图 12-78 所示。

图 12-78

STEP 16 在【时间轴】面板中选择"黑色遮罩"图层，双击【椭圆工具】，创建最大蒙版，如图 12-79 所示。

图 12-79

STEP 17 选择"蒙版 1"，勾选【反转】复选框，设置【蒙版羽化】为 (201,201)，【蒙版不透明度】为 31%，如图 12-80 所示。

图 12-80

STEP 18 双击【项目】面板，导入"背景音乐 .mp3"文件，并将素材放置在"中国风美食类片头动画"合成中，如图 12-81 所示。

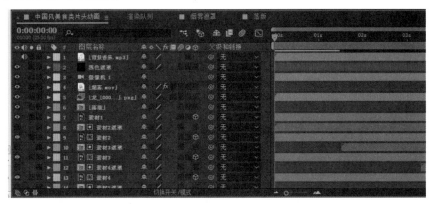

图 12-81

STEP 19 执行【合成】>【添加到渲染队列】命令，设置输出路径并渲染，如图 12-82 所示。

图 12-82

至此，本案例制作完成，我们可以单击【播放】按钮，观察动画效果。